TEDBooks

El Río Hirviente

Aventura y descubrimiento en la Amazonía

ANDRÉS RUZO

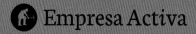 Empresa Activa

Argentina – Chile – Colombia – España
Estados Unidos – México – Perú – Uruguay – Venezuela

Título original: *The Boiling River*
Editor original: TED Books - Simon & Schuster, Inc., New York

Versión española a cargo del autor a partir de la traducción de Alfonso Barguño Viana

TED, the TED logo, and TED Books are trademarks of TED Conferences, LLC.

1.ª edición Abril 2017

ISBN: 978-84-92921-63-8
E-ISBN: 978-84-16715-80-0
Depósito legal: B-6.770-2017

Fotocomposición: Ediciones Urano, S.A.U.

Impreso por: MACROLIBROS, S.L.
Polígono Industrial de Argales - Vázquez de Menchaca, 9 - 47008 Valladolid

Impreso en España - *Printed in Spain*

A mi mayor descubrimiento: mi esposa
y compañera de investigación, Sofía.

Y al que primero sembró la semilla de esta
aventura, mi abuelo, Daniel Ruzo Zizold
(1926 - 2016). Te extraño... guanaco.

ÍNDICE

El Río Hirviente

1 Revelaciones en la oscuridad

«He extrañado la oscuridad», me digo en un susurro, contemplando la noche. Frente a esta noche, en su estado original y primordial, frente a este constante terrestre, tan antiguo como nuestro planeta, cualquier mancha de luz artificial parece blasfemia. Instintivamente, apago mi linterna.

Libre de esta última luz rebelde, la noche se completa, inundando la selva a mi alrededor con una oscuridad perfecta. Veo negro. Respiro profundo. Me quedo quieto, esperando.

Estoy solo en la selva, parado sobre una gran piedra en medio de un río. Cada inhalación llena mi nariz y pulmones de un leve ardor de aire espeso y anormalmente caliente, incluso para la Amazonía. Mis pies descalzos sienten el calor y la textura áspera de la gran piedra sobre la cual estoy parado, mientras mis oídos se llenan del rugido del río, declarándose rey de esta selva.

A medida que mis ojos se adaptan a las tinieblas, empiezo a distinguir las formas de la selva entre las sombras: tonos negros, grises, azules oscuros, incluso blancos argénteos. Asombra lo que no vemos con luces prendidas... La luna es apenas una rodaja, e innumerables estrellas bañan cada hoja y piedra de este misterioso paisaje con una suave luz que riega alientos de sombra en estos suelos tropicales. Por todos lados asciende el vapor adoptando formas fantasmagóricas bajo la iluminación de los astros. Algunas son delgadas oleadas de neblina; otras son nubes tan enormes que parecen expandirse en cámara lenta.

Me acuesto en la piedra, hipnotizado por las emanaciones que se han adueñado de la noche. El vapor se condensa y se arremolina, bailando en cada brisa bajo el cielo estrellado y hasta formando torbellinos de un pálido color grisáceo y azulado. Me siento en un sueño.

Un sudor ligero brota de mi cuerpo en contacto con la piedra cálida, y en mi piel expuesta al aire libre, siento las calurosas caricias de las olas de vapor, rogando que me mantengan vigilante, ya que estoy a un paso de una muerte violenta y sumamente dolorosa.

El río sigue rugiendo, sigue dominando el coro nocturno amazónico, sigue declarando que esta selva es indudablemente suya. Aquí fluye tan ancho como una carretera de doble carril, arrojando su formidable torrente caliente contra el borde de mi piedra, dejando al alcance de mi brazo la opción de quemaduras casi instantáneas de tercer grado. Mis sentidos están en alerta y cada movimiento es intencional.

Pienso en mis colegas que duermen en la pequeña comunidad cercana, soñando bajo la manta de protección de sus mosquiteros, mientras yo estoy como un sonámbulo en un sueño hecho realidad. No podré dormir hoy, no con lo que tengo enfrente. Mi corazón palpita con fuerza, pero estoy completamente tranquilo.

Mis ojos siguen el ascenso del vapor hasta que desaparece entre las luces de la Vía Láctea que cruza el firmamento. Ahora entiendo por qué los incas veían a la Vía Láctea como el gran río celestial, el camino a otro mundo de sombras y espíritus. También queda muy claro por qué los lugareños consideran a esta selva como un centro de tanto poder espiritual. Aquí se unen estos dos grandes ríos, conectados por el vapor que se eleva como una oración. Resuenan en mi cabeza las palabras del chamán: «El río nos muestra lo que necesitamos ver».

Esta se está convirtiendo en una de las grandes aventuras de mi vida. Será la historia que les contaré a mis hijos y nietos, y me doy cuenta de que en este momento, cada acción que emprenda le agrega un nuevo capítulo al relato. Cada segundo que pasa parece contener un significado profundo.

Un chorro de agua ardiente salpica mi brazo derecho. Me incorporo con el dolor inesperado que me ha despertado del ensueño. Acariciando mi brazo quemado, recuerdo las palabras de mi profesor de vulcanología en la universidad: «Los que mueren en los volcanes son los principiantes que no conocen los peligros y los expertos que han olvidado qué son los peligros».

Cuidadosamente me pongo de pie y con un salto calculado me encuentro en la ribera más cercana. La cama me llama. Le doy una última mirada al Río Hirviente antes de seguir el sendero a mi tambo (cabañita amazónica). No puedo evitar un susurro emocionado:

—Existe. Realmente existe.

Recuerdo que el chamán me dijo que el río me había llamado con un propósito, y presiento que una misión importante está a punto de comenzar. No dormiré mucho esta noche.

Los vapores bailan bajo la luz de las estrellas mientras recorro el sendero a mi tambo pensando en el río, en la selva oscura que lo rodea y en esta historia que espera ser escrita. Es una historia que empezó con una leyenda que escuché de niño, una historia de exploración y descubrimiento, acuciada por la necesidad de comprender lo que inicialmente parecía increíble. Es una historia de un encuentro de ciencia moderna y conocimiento tradicional —un encuentro no violento sino respetuoso— donde ambas disciplinas se unen en un asombro compartido por nuestro mundo natural.

En estos tiempos donde todo parece estar cartografiado, medido y comprendido, este río pone en duda lo que *creemos* que sabemos. Me ha obligado a cuestionar el límite entre lo conocido y lo desconocido, lo antiguo y lo moderno, lo científico y lo espiritual. Es un recordatorio de que aún quedan maravillas por descubrir, y que las encontramos no solo en el vacío negro de lo desconocido, sino también en el ruido blanco de la vida cotidiana: en lo que apenas percibimos, en lo casi olvidado, en el detalle aparentemente trivial de una historia.

2 La leyenda de mi abuelo

El susurro de agua caliente llenando una taza se difunde por el aire frío de la cocina. Por la ventana veo el marrón de los cerros andinos invadiendo el gris panza de burra del cielo limeño. El invierno en Lima siempre tiene cierta quietud, y este agosto no es excepción. Tengo doce años y estoy en casa de mi tía sentado en la cocina, esperando emocionadamente la llegada de mi abuelo.

Mientras miro el reloj, Dioni, la cocinera de mi tía, pela unas gordas zanahorias peruanas frente al fregadero. Dioni es como una abuela para mí.

—Qué bueno que has venido a visitar —dice sonriendo, pero sin apartar los ojos de sus zanahorias.

Dioni habla español con un marcado acento quechua. El quechua, el idioma de los incas, se habla de forma intencional y sin abrir mucho la boca. Una consecuencia, según dicen, de haberse desarrollado en las frías alturas de los Andes. Más de cuatrocientos años después de la conquista española, el acento de Dioni me sirve como testimonio de que no todo se perdió en la conquista. La lengua de los incas sigue viva.

—Tu tía dice que tu papá y sus hermanos te han llevado a Marcahuasi una semana. ¡Mucho frío, muy alto, y tú demasiado joven! —exclama Dioni con un cariño protector.

Yo sonrío, sentado en mi taburete, mientras meto unas hojas de color verde grisáceo en mi taza de agua caliente, dejándolas reposar hasta que el agua adquiere un tono dorado verdoso.

Dioni inspecciona las hojas y pregunta:

—¿Has traído de Marcahuasi? —se lo confirmo y me dice con emoción—: ¡Qué bueno! Esas son las verdaderas hojas de coca de la sierra, el sabor es mucho mejor que las bolsitas que compramos aquí, en el supermercado.

Doy un primer sorbo, saboreando el gusto profundo y terroso de la infusión. El sabor me transporta a la semana anterior, a casi 4.000 metros de altura, en la fría meseta de Marcahuasi. Me dio un *soroche* (mal de altura) debilitante y tomar mate de coca fue lo único que me hizo sentir mejor.

Escucho abrir una puerta y, por fin, veo a mi abuelo entrar acompañado por mi tía Lydia. Él extiende los brazos y yo corro hacia él, pero antes de poder abrazarlo me deja en risas con las muecas que hace. Algunas personas llevan el corazón en la manga; él lo lleva en la cara.

—¿Te invito a algo? —le pregunta mi tía—. ¿Té? —Mi abuelo niega con la cabeza—. ¿Café? —Él vuelve a negar—. ¿Inca Kola, jugo, agua... pisco?

Con esta última oferta mi abuelo se endereza señorialmente mientras una sonrisa ladina se extiende sobre su rostro.

—Bueeeeeeno. Ya que me lo ofreces... —Me guiña el ojo.

Mi tía nos guía a la sala y desaparece antes de volver portando en una bandeja de plata una botella recién abierta de un pisco excelente, una servilleta de tela elegantemente doblada y una copa de cristal fino con forma de tulipán. Mi tía se despide para hacer mandados mientras mi abuelo se sirve. Brindamos, él con su pisco, yo con mi mate.

Me pregunta del viaje a Marcahuasi, pero antes de que le pueda responder, empieza a disertar sobre cómo él hubiera hecho todo mejor, con más detalle y eficiencia, si hubiera estado allí. Habla largo y tendido, y me distraigo viendo por la ventana.

¡Zas! Un golpe rápido en mi cabeza con una revista enrollada me llama la atención.

—¡Guanaco! ¡Escucha! Esto es importante —me regaña.

Yo le frunzo el ceño y tirándole una mirada intensa, me preparo para una discusión. Él me devuelve la mirada y yo me sorprendo al ver su expresión impaciente derretirse en una risa orgullosa.

—*¡Jajaja!*, ay papachito. La sangre llama. Reconozco esas muecas —dice con ternura mientras yo sigo con el ceño fruncido. Se vuelve a reír—. Está bien, cangrejo, si quieres te cuento una historia como tregua.

Me encantan los cuentos de mi abuelo y a pesar del golpe, acepto los términos, tratando de ocultar mi entusiasmo.

—Esta es una historia de aventura. Una historia de la conquista española del Perú, de la maldición de los incas y de una ciudad perdida, ocultada en la selva más profunda y oscura. Una ciudad hecha enteramente de oro.

Estoy fascinado, sentado en el suelo con las piernas cruzadas, perfectamente inmóvil. Él sonríe satisfecho con su manejo de la situación y se premia con otro sorbo de pisco.

—Esta es la leyenda de Paititi —me dice en voz ronca y sonora.

—Paititi —repito asombrado.

—No creas que la conquista fue en nombre de Dios —continúa mi abuelo—. Claro, los conquistadores fueron acompañados por algunos monjes ingenuos, pero lo que ellos querían era oro y gloria. En 1532, Francisco Pizarro y sus hombres desembarcan al norte del Imperio incaico. Los incas estaban sumidos en una violenta guerra civil y, por lo tanto, tenían una sofisticada red de espías vigilando el Imperio.

»Desde que pisaron tierra, cada movimiento de los españoles fue observado y reportado. Los incas sabían que los conquistadores no eran dioses, pero no lograban comprender su obsesión por el oro. Llegaban a los pueblos preguntando: "¿Dónde está el oro?", y aterrorizando a los lugareños hasta que lo obtenían. Esta codicia por el oro era tan insaciable que muchos creían que los españoles tenían que comérselo para sobrevivir. Para los incas esta voracidad era perturbadora, ya que ellos consideraban que el oro era algo divino, las lágrimas del sol y un símbolo de vida.

»Atahualpa, el emperador de los incas, contemplaba qué hacer con estos extranjeros que hostigaban a sus súbditos. Un consejero le recomendó capturarlos y quemarlos vivos. Pero Atahualpa tenía curiosidad, no miedo.

»¿Qué amenaza podían suponer 170 ladrones blancos? Él, Atahualpa, era el dios-hombre más poderoso de la Tierra, señor sobre millones, comandante de más de 250.000. Era el hijo del sol y el maestro de la magia de los vientos.

»Atahualpa envió emisarios para invitarlos a Cajamarca y los conquistadores aceptaron. En lo que se suponía iba ser un encuentro pacífico, los españoles prepararon una emboscada y, a pesar ser menos numerosos, arrollaron a los incas.

»Ya prisionero, Atahualpa lanza una mirada desafiante a sus captores. Dicen que nadie podía sostenerle la mirada, era como mirar al sol. Ceremoniosamente, el emperador se acerca al muro más cercano y alzando la mano todo lo que pudo, traza una línea. Convoca a un sirviente con una mirada, y luego Atahualpa le susurra algo al oído. El sirviente les dirige la palabra a los captores: "El emperador dice que llenará este cuarto, hasta esta línea, una vez de oro y dos veces más de plata, si le perdonan la vida y lo liberan".

»Los españoles aceptaron con la exigencia de Atahualpa de que ellos juren que respetarían los términos del acuerdo ante su dios, el dios español que les entregó al emperador.

»En dos meses el rescate de Atahualpa fue pagado con oro, plata y piedras preciosas que llegaron de cada rincón del Imperio. Atahualpa había cumplido y ahora solo faltaba ser liberado; saldría humillado pero vivo. Pero su liberación nunca llegó. Pasaron meses y aunque seguía vivo y en una relativa comodidad, seguía siendo prisionero.

»—No romperán el juramento que hicieron ante su propio dios, —repetía el emperador ansiosamente.

»Una noche, un sirviente se le acerca y le susurra: "Oí a tus captores decir que es demasiado peligroso dejarte vivo, romperán su juramento y vendrán a por ti mañana". En ese momento un guarda español que pasaba vio al sirviente y le ordenó explicar lo que estaba haciendo ahí. "Le traigo hojas frescas a mi señor para el té de mañana", respondió, entregándole a Atahualpa una bolsita de tela llena de hojas de coca. El guarda vio las hojas y le ordenó que se fuera. Atahualpa se preparó para el amanecer.

Contemplo la taza en mis manos y me tomo el último sorbo de mi mate de coca, imaginando cómo se sentía Atahualpa consciente de que sería traicionado.

—Cuando llegó la escolta armada para llevarlo al juicio —continúa mi abuelo— Atahualpa se encontraba sin armas con las que defenderse. Mientras se acercaban sus captores, sacó de la bolsita de tela tres hojas y tomándolas en sus manos proclamó: «¡Sean malditos por estas hojas, hombres blancos! ¡Mama Coca, véngame, recuerda esta traición y plaga sus naciones!» Lanzándoles las hojas de coca Atahualpa selló la maldición.

»Ejecutaron a Atahualpa, pero los incas siguieron luchando. Cuarenta años después, en 1572, se completó la conquista, cuando Túpac Amaru, el último emperador inca, fue colgado en la plaza de Armas del Cuzco delante de quince mil de sus súbditos.

»Con la conquista, el oro sagrado de los incas terminó saqueado, fundido y enviado a España. Era un botín incalculable, pero hasta esto quedaba corto comparado a la cantidad de historias y cuentos de gloria que acompañaban cada pepita de oro. Los ibéricos quedaron hechizados, y los que cruzaron los mares fueron bautizados con el rocío del mar en nombre de la conquista y así se engendraron nuevas olas de conquistadores, listos para convertirse en el próximo Cortés o Pizarro.

»Cuando estos le preguntaron a los incas dónde podían encontrar otra civilización para conquistar, los incas, para vengarse, les respondieron: "Hacia el este, más allá de los Andes, se encuentra la tierra de las plantas. Allí encontrarán a Paititi, una enorme ciudad hecha de oro".

»Los españoles organizaron varias expediciones a la Amazonía y los pocos que volvieron regresaron con historias aterradoras. Contaban de incas que habían escapado a la conquista, y que al capturar a los españoles, los forzaban a beber oro fundido para finalmente saciarles la sed del metal dorado. Contaban que los amazónicos eran poderosos chamanes y guerreros feroces, cuyas flechas envenenadas mataban en segundos. Contaban de árboles tan altos que tapaban la luz del sol, de arañas inmensas que se comían a los pájaros, serpientes gigantes que devoraban a hombres enteros y hasta de un río que hervía.

»El bosque resultó un abrumante laberinto verde, lleno de peligros. El hambre, la sed y la locura fueron sus únicos compañeros, salvo por los moscos y zancudos, siempre presentes, que los dejaban sin sangre y sin dormir. Nunca encontraron a Paititi, y la selva donde esperaban encontrar al Edén, les resultó el mismo infierno.

Mi abuelo espira, recostándose en su silla para disfrutar otra copita de pisco. Yo estoy hechizado, incapaz de articular ni una palabra, e imaginando a la selva, la misteriosa Paititi, y las imágenes de chamanes poderosos, serpientes gigantes y un río burbujeante escondido entre nubes de su propio vapor. Ni siquiera me doy cuenta de que mi tía ha entrado.

Ella estudia la botella, ya por la mitad, y frunce los labios.

—Veo que te ha gustado —le dice a mi abuelo enfadada y llevándose la bandeja. Mi abuelo se ríe orgullosamente y viéndome con su sonrisa pícara, me dice:

—Ay, papachito, ¿sabes?, siguen buscando a Paititi, bajo este y otros nombres. Pero recuerda esto: la selva guarda muy bien sus secretos, y no se opone a quedarse con los que van tras ellos.

3 Preguntas estúpidas

—¿Un río hirviente? —pregunta el geólogo ejecutivo con un tono burlón. Lleva un traje caro, tiene el cabello gris y meticulosamente peinado, y arrugas bien definidas. Su rostro es del Perú moderno: una mezcla de indígena con europeo. Habla con la confianza y la autoridad que le confieren décadas explorando los lugares salvajes del país y su oficina formidable exhibe los trofeos de sus aventuras: ejemplares de rocas y minerales, *huacos*, artefactos y objetos culturales provenientes de todas partes del Perú. No puedo evitar pensar que estoy en el estudio de un conquistador del siglo XXI.

—Sí —contesto—, la leyenda hablaba de «un río que hervía» en el corazón de la Amazonía peruana. Sé que a veces las historias se exageran, pero tengo curiosidad por si este cuento tiene algo de verdad.

Estamos en mayo del 2011, tengo veinticuatro años y soy un estudiante doctoral de geofísica en la Southern Methodist University (SMU), en Dallas, donde me estoy especializando en estudios geotérmicos. Estoy en Lima para llevar a cabo mi trabajo de campo doctoral, y tengo como meta realizar el primer mapa geotérmico detallado del Perú. Estos mapas de flujo de calor cuantifican la energía térmica que fluye por la corteza a la superficie terrestre, y tienen tres utilidades principales. En primer lugar, estos mapas identifican áreas con potencial para producir energía geotérmica, una energía renovable. En segundo lugar, aportan información que hacen la exploración petrolera más eficaz, minimizando el impacto ambiental de esta industria ya que implica menos pozos innecesariamente perforados. Por último, los mapas geotérmicos son una herramienta importante para entender mejor a nuestro planeta: los volcanes, las placas tectónicas, los sismos y muchos otros aspectos de las geociencias.

Pero no es fácil realizar un mapa geotérmico. Cada punto del mapa requiere datos precisos de las temperaturas subterráneas, además de kilos de muestras de piedras analizadas. Como científico geotérmico a menudo encuentro que kilómetros de roca me separan de las mediciones y las muestras subterráneas que necesito. Perforar un pozo nuevo es caro y puede tener impactos negativos en el medio ambiente; donde es posible utilizo pozos existentes de petróleo, gas, agua o mineros para avanzar con mis estudios. Mi búsqueda de pozos estudiables es lo que me ha llevado a reunirme con esta compañía.

Al geólogo de la empresa le gustó la idea de utilizar pozos ya perforados para estudios de energía renovable, pero mi pregunta sobre el río legendario lo ha dejado poco menos que impresionado.

—Andrés, te felicito. Eres un joven sobresaliente y esta metodología para desarrollar los mapas geotérmicos me parece muy innovadora —me halaga—, pero no te luce agregarle a este trabajo serio y científico preguntas raras sobre leyendas. En el Perú tenemos todo tipo de actividad geotérmica, generalmente son manantiales pequeños en los Andes. Una manifestación geotérmica tan grande como un río hirviente me parece insólito, especialmente en la selva. Ya debes de saberlo, tú eres el que está sacando el doctorado.

Era cierto que científicamente sonaba poco serio. La leyenda se me había olvidado por completo hasta el año pasado cuando visité a unos colegas en el INGEMMET (Instituto Geológico, Minero y Metalúrgico). Ellos estaban preparando un mapa de las manifestaciones geotérmicas del Perú, como aguas termales, manantiales y fumarolas. Estudiar el mapa me despertó recuerdos de la leyenda de mi abuelo e imágenes del humeante «río que hervía». Mis colegas me explicaron que aunque sí habían encontrado manifestaciones geotérmicas en la selva, eran pequeñas y nada semejante a un río hirviente. La opinión general fue que era algo bastante improbable y que seguramente no era más que una historia exagerada.

Como mi abuelo ya estaba senil, había perdido mi conexión directa con el origen de la historia. Decidí preguntarles a otros geólogos, de empresas petroleras y mineras, universidades e instituciones gubernamentales, si alguien había oído hablar de este río en la Amazonía. Todos me respondieron que no, pero ninguno con tanta insistencia como este veterano geólogo.

—Dime, ¿qué se necesita para generar un río herviente? Necesitas un volumen de agua impresionante, una tremenda fuente de calor y, finalmente, la «tubería» subterránea que permita que el agua fluya hasta la superficie manteniendo su calor. Sí existen ríos hirvientes en el mundo, pero nunca he escuchado hablar de uno no asociado con un sistema volcánico o magmático activo, algo que no tenemos en la Amazonía peruana. Comentaste que tu mapa geotérmico nos ayudará a comprender por qué la actividad volcánica «se apagó» en gran parte del Perú hace aproximadamente dos millones de años. Tienes que ver lo improbable que es esta leyenda. La tradición oral está llena de cuentos exagerados. Sin duda, eres un chico con mucho futuro, pero te dejo con un consejo amistoso: no hagas preguntas estúpidas. Te hacen quedar mal.

Salgo de la compañía con el rabo entre las piernas y paro un taxi. «Debo de haber parecido tan ingenuo», pienso. «El viejo geólogo tiene razón: si quiero que me respeten como científico, no puedo hacer que gente importante pierda su tiempo con preguntas estúpidas. No encuentro ningún registro original de la leyenda, la ciencia dice que es improbable, y los expertos nunca han oído hablar de un río semejante... a veces una historia no es más que eso: una historia.»

4 Un detalle en la historia

Estamos a comienzos de junio del 2011. Mi esposa Sofía y yo hemos pasado las últimas dos semanas en Lima terminando con diligencia los últimos preparativos para nuestra temporada de campo en el desierto de Talara, al noroeste del Perú. Pasaremos los próximos meses tomando registros de temperatura a profundidad en pozos petroleros para realizar el mapa geotérmico del Perú. Mis tíos Eo y Guida nos han hospedado en su casa estas últimas semanas, y como mañana partimos al norte, nos han preparado una cena de despedida esta noche.

Ya en la cena, estoy sentado al lado de mi tía Guida.

—¡Andrés, querido! —me dice con su suave acento brasileño—, acaban de llegar, ¿no se pueden quedar más tiempo?

—Le aseguro que estaremos de vuelta en unos meses y que pasará rápido.

—Ya llevas dos años con tus estudios —me dice—, ¿qué es lo que más te ha sorprendido de tus investigaciones?

Tomo un sorbo de pisco. La respuesta profesional es de algo relacionado con el mapa geotérmico y las posibilidades de energía renovable en el Perú, pero aún tenía fresco el encuentro con el señor geólogo de la semana pasada. Quizá fue el pisco o mi orgullo todavía herido, pero me desahogué y le conté de la reunión, la leyenda y de las preguntas estúpidas que le he estado preguntando a científicos sobresalientes.

—Es una leyenda —afirmo—, pero no me explico por qué me da tanta curiosidad.

Guida luce desconcertada y me dice:

—Pero, Andrés, sí existe un gran río caliente en la selva, ¡lo he visto y hasta me he bañado en él!

—Ay, tía —le respondo con una mueca de incredulidad. Mi tía suele ser bromista.

—Pero ¡es verdad! —insiste.

—Tiene razón —dice mi tío Eo, entrando a la conversación—. ¡No es broma, el río existe! Solo te puedes bañar en él después de una lluvia fuerte, y solo por unos veinte minutos, ¡si no te sancochas!

Quedo estupefacto. Eo no es de exagerar historias, es un psicoanalista reconocido que siempre habla con precisión.

—¿Me están hablando en serio? —pregunto con firmeza.

—¡Sí! Es un lugar sagrado, protegido por un chamán. Tienen un centro medicinal ahí que se llama Mayantuyacu —contesta Guida.

—Y la esposa del chamán es una enfermera, amiga de tu tía —agrega Eo. Guida asiente.

—El río corre justo frente al centro. Corre con fuerza, tan ancho como una carretera de dos carriles y con agua tan caliente que ni puedes meter el dedito.

Mi tía antes hacía trabajos sociales y de conservación con comunidades nativas de la Amazonía; su historia tiene sentido pero todavía no lo puedo creer. ¿Cómo es posible que en todo este tiempo haciendo preguntas la respuesta me esperara en casa?

Agarro mi iPhone y busco Mayantuyacu en Internet. Ningún resultado. Esto sorprende a Guida y Eo, que insisten en que varios pacientes extranjeros visitan Mayantuyacu regularmente, y me explican cómo ellos primero llegaron invitados por un amigo español que trabajaba con el chamán.

—¿Dónde queda? —les pregunto emocionadamente, abriendo Google Earth en mi celular.

—No sé exactamente —dice mi tía—, pero queda en la Amazonía central, a unas cuatro horas de la ciudad de Pucallpa: primero vas en camioneta, de ahí vas por río y por último vas a pie hasta llegar.

Mientras habla, estudio las imágenes satelitales de Google Earth, procurando identificar la ubicación más probable de Mayantuyacu según las descripciones del terreno atravesado por mis tíos y mis propios conocimientos geológicos sobre dónde suelen aflorar manifestaciones geotérmicas. La baja resolución de las imágenes satelitales impide mi búsqueda, pero logro distinguir una estructura geológica que a primera vista parece un gigantesco cráter ovalado, de unos ocho kilómetros de largo y seis de ancho, aproximadamente a cincuenta kilómetros al suroeste de Pucallpa. Amplío la imagen para mejor inspección. Dentro de este borde topográfico, nace una amplia colina redonda, un domo geológico.

—¿En el río, apreciaron el olor a azufre, como a huevo podrido? —pregunto emocionadamente. El sulfuro de hidrógeno es lo que perfuma a muchos sistemas volcánicos con este hedor característico.

—No tiene ningún olor —responde Guida mientras Eo asiente.

—¿Qué tan largo fluye el río? —inquiero.

—No te puedo decir con certeza, el río tiene varias curvas —responde Eo—, pero el tramo frente a Mayantuyacu tiene por lo menos unos doscientos metros.

Paso un rato buscando alguna pista sobre Mayantuyacu o su río sagrado en mi móvil, pero no aparece nada. Aunque seguía escéptico, la leve esperanza de encontrar el río de la leyenda me absorbe por completo. Sin darme cuenta he quedado ignorando a los demás en la mesa.

Guida posa su mano maternal sobre mi brazo y me dice:

—Quizá el señor Google está teniendo una mala noche. Mejor dejémoslo para mañana. No te preocupes que yo te ayudo. Mañana mismo te consigo el número de teléfono y el correo electrónico de Mayantuyacu.

Le dedico una sonrisa que no logra ocultar mi desilusión. Me esfuerzo para volver al presente, intentando disimular mi impaciencia para que pase la noche. Necesito saber más.

Al día siguiente, madrugamos para tomar el avión a Talara. Tal como me había prometido, Guida me dio el número de teléfono y el correo electrónico de Mayantuyacu. Llamé y les dejé un mensaje esa misma tarde. Consciente de que en la selva a veces fallan las líneas telefónicas, también aprovecho para enviarles un correo electrónico.

Paso la semana esperando una respuesta que nunca vino. Vuelvo a llamar y escribir, pero también sin resultado. Pasan los meses y mis intentos de contactar a alguien en Mayantuyacu siguen en vano. Mi esperanza y entusiasmo se convierten en frustración.

Me dedico a buscar estudios, investigaciones o cualquier escritura que pueda mencionar un río térmico cerca de Pucallpa. No aparece en el mapa de manifestaciones geotérmicas del Perú, ni en ningún estudio geológico.

Finalmente, encuentro un estudio con un detalle curioso. Es un estudio publicado en 1965 por el USGS (United States Geological Survey) en el cual hicieron un inventario de las manifestaciones geotérmicas del mundo. Esta publicación hace una vaga referencia a un «pequeño manantial tibio» ubicado en el Domo de Agua Caliente, la estructura geológica que vi en Google Earth, sin dar más detalle.

Según la publicación de 1965 el reporte del «pequeño manantial tibio» vino de un estudio de 1945. Logré obtener este estudio y al revisarlo me doy cuenta de que no menciona ningún afloramiento geotérmico en la zona. Sin embargo, sigo el rastro de la publicación y el estudio de 1945 me lleva a uno de 1939. Este estudio tampoco menciona el «pequeño manantial tibio» y menos un gran río hirviente. Por lo menos me informa que el Domo de Agua Caliente es donde se perforó el primer pozo petrolero productor de la Amazonía peruana, pero lo más importante, me lleva al primer y único estudio geológico hecho en el Domo antes del desarrollo petrolero: un informe de Moran y Fyfe redactado en 1933.

Lamentablemente, este informe de Moran y Fyfe resulta ser el final del camino. A pesar de buscarlo en todas partes no logro encontrarlo, y me resigno a seguir la búsqueda cuando regrese a la universidad en Dallas.

Pasan los meses y nuestra temporada de campo en el desierto llega a su fin. Estamos a finales de octubre, de vuelta en casa de Eo y Guida en Lima, y a una semana de regresar a Dallas.

—¿Has sabido algo de Mayantuyacu? —pregunta Guida.

—Nada —le respondo, abriendo mi laptop para seguir la búsqueda de Mayantuyacu—. Busco por Internet todos los días para ver si alguien ha subido algo, pero... ¡No puede ser!

Ambos nos acercamos a la pantalla y vemos www.mayantuyacu. com.

—¡No puede ser! —vuelvo a exclamar—. ¡El chamán tiene página web!

—El Perú avanza —afirma Guida sonriendo.

La página web indica un número de teléfono, una dirección de correo electrónico y una dirección física en Pucallpa. Por desgracia, me doy cuenta de que es el mismo número y correo que he estado tratando de contactar. Mi tía percibe mi frustración.

—Pero ya tenemos dirección —dice Guida intentando animarme—. Mira, Andrés, he trabajado con indígenas en muchas partes de la Amazonía y he encontrado que tienen una relación particular con el mundo moderno. Los amazónicos se resistieron a los incas y, en gran medida, también a los españoles, hasta que los acorralaron y los trataron peor que animales. Sinceramente, no me sorprende que no te hayan respondido. Estoy segura que sí recibieron tus mensajes, pero...

¿qué les dijiste? «Hola, soy Andrés Ruzo, un geólogo que estudia energía geotérmica. Tengo una beca de *National Geographic*, he estado trabajando en Talara, me gustaría estudiar su zona...»

Al oírlo en voz alta, me doy cuenta de lo estúpido que he sido.

Guida continúa empáticamente:

—Sé por qué haces lo que haces y por qué te volviste geólogo y estudias la energía geotérmica. Sé que eres un chico bueno, honesto y de confianza, que nunca pondría en riesgo a este lugar sagrado... pero *ellos* no lo saben. Solo mira cómo vino el desarrollo moderno a la Amazonía. La industria petrolera, de gas y la minería siempre han tenido a geólogos en la primera línea del «progreso». Recuerda que Mayantuyacu es un lugar sagrado, y contextualízalo con los abusos históricos que han sufrido los amazónicos... En fin, no me sorprende que no te hayan contestado.

—Pues, ¿qué puedo hacer? —le pregunto agobiado.

—Tenemos que ir a la selva —responde Guida con firmeza.

5 Oculto a plena vista

Picos naufragados emergen de las nubes como islas marrones en un mar blanco. Paulatinamente el panorama cambia. Los picos aislados aparecen con más frecuencia. Las islas pasan a archipiélagos, y los archipiélagos a penínsulas que eventualmente se juntan, formando un imponente muro marrón que le niega la entrada al mar blanco de nubes costeñas a estos cielos andinos. Por la ventana del avión contemplo los picos y nevados de la cordillera continental más larga del mundo: los Andes.

Desde esta altura puedo leer las crestas y los accidentes geográficos. Las montañas con sus colosales pliegues geológicos cuentan de fuerzas tectónicas: las manos invisibles que esculpen nuestro planeta. Son estas fuerzas las que crearon los lagos alpinos y valles fértiles que vieron crecer a los incas, cuyos descendientes aún cultivan los mismos suelos.

Guida duerme en el asiento a mi lado.

—Tenemos que ir en persona —me dijo anoche en Lima—. Es muy fácil que te engañen por teléfono o correo, pero cuando estás con alguien en carne y hueso, mirándole a los ojos, te das cuenta de sus verdaderas intenciones.

Tenía muchas razones para no ir: regreso a Dallas en menos de una semana, estoy corto de dinero y ni siquiera sabemos si el chamán estará allí... y, aunque esté, ¿querrá hablar conmigo?

Pero si realmente existe este «río hirviente», estoy convencido que esta decisión de comprar un pasaje de avión al último minuto, llegar sin aviso a la dirección de Pucallpa que sale en la web, y pedir permiso para visitar Mayantuyacu y su río sagrado es mi mejor opción.

Poco a poco, los Andes se van volviendo cada vez más bajos y verdes. El avión desciende y, al atravesar las nubes, encuentro un mundo transformado. El marrón ha sido reemplazado por el verde y la Amazonía se extiende frente a nosotros en todas direcciones.

Ríos hechos torrentes caudalosos y pantanos desbordados me recuerdan que noviembre es época de lluvias. Oteo a la selva, verde y frondosa, hasta el horizonte, consciente de que en este paisaje inconmensurable se ocultan respuestas a preguntas que por tanto tiempo me han acosado. ¿Será exagerado? ¿Realmente hierve? ¿Será este el río de la leyenda?

Aterrizamos en la ciudad de Pucallpa y pronto estamos en ruta hacia la dirección de la web. El único medio de transporte disponible era un moto-taxi, una motocicleta de tres ruedas con un banquito para pasajeros, dentro del cual Guida y yo nos embutimos. Nuestro conductor, un señor gordito y simpático, manejaba su vehículo deslucido y tembleque con una mano, mientras usaba la otra para no desprender de su oreja su *smartphone* último modelo, que lucía más caro que el moto-taxi.

Sea por el cansancio de tomar el primer avión del día, o por el polvo del camino, Guida y yo mantenemos silencio. Me pregunto si estaremos pensando en lo mismo: «Espero que siga siendo la misma dirección».

Miro por la ventana para distraerme un poco. Es mi primera vez en la Amazonía y pronto el entusiasmo de nuevas vistas, olores y sonidos me quitan el cansancio. Dicen que el Perú es tres países en uno: costa, sierra y selva. Pucallpa y su selva baja me presentan un paisaje muy distinto al de la costa y la sierra, a las cuales estoy acostumbrado. Pero lo que más me sorprende es lo familiar que me resulta todo.

Pucallpa es la típica ciudad moderna del mundo en desarrollo, donde coexiste la globalización con toques de tradición. Edificios modernos e instalaciones nuevas, buenas carreteras y bonitos centros comerciales cuentan del progreso. Carros nuevos en buen estado pasan zumbando a nuestro lado. Nuestro conductor sigue pegado a su teléfono, mientras en la radio suena una cumbia amazónica.

—¡Ya casi llegamos! —nos grita el taxista por encima de la música de la radio y, por supuesto, sin soltar su teléfono. Salimos de la calle pavimentada para tomar una carretera de tierra, roja y dispareja, esquivando grandes baches llenos de agua.

—¡Ahí está! —grita Guida emocionada. El taxi se detiene de golpe. Miro hacia donde Guida apunta con el dedo: es un edificio de un piso, cubierto con paneles de madera, pintados en verde—. Tantos años, y sigue igual.

El taxista se despide rápidamente, aún en su teléfono, dejándonos frente a la puerta verde, sin ventana, ni pomo. Tocamos la puerta.

—¿Quién es? —pregunta una voz femenina por detrás de la puerta.

—¡Hola! Soy Guida, una vieja amiga de Sandra y el Maestro Juan. ¿Están en casa?

La puerta verde se abre lentamente revelando a una joven de piel color caoba pálido, ojos almendrados y el cabello negro azabache. Se presenta y nos dice que Sandra y el Maestro no se encuentran.

—Los podemos llamar si gustan —propone.

Asentimos con entusiasmo y nos dejamos guiar por un pasillo estrecho de madera, hasta llegar a un despacho grande. Mientras Guida y la mujer hacen la llamada, quedo observando la sala.

Todo está ordenado con cuidado y cariño, desde los dijes de los estantes hasta las fotos enmarcadas de las paredes. Cada foto me saluda con rostros felices, con amplias sonrisas y ojos oscuros y penetrantes. Telas y artesanías shipibas decoran el cuarto con sus diseños geométricos hechiceros, junto a plumas tropicales de todo color, collares de semillas vibrantes y conchas blancas de caracol gigante. Exhibida en el centro de la pared, y rodeada de gruesas lianas secas y retorcidas, una amplia *kushma* (túnica) asháninka decorada con líneas verticales de colores.

Junto a los adornos tradicionales encuentro piezas del Perú moderno: pequeñas banderas peruanas y grandes retratos enmarcados de «Las maravillas del Perú». Aquí detengo la vista, incrédulo. Entre los retratos de Machu Picchu y las Líneas de Nazca veo el retrato del Monumento a la Humanidad, el icónico monolito de piedra viva con rostro humano de Marcahuasi. Por un instante revivo una memoria de mi niñez, en una meseta fría a casi 4.000 metros, aprendiendo lo espantoso que es el *soroche* y lo curativo que es el mate de coca. Aunque Marcahuasi es reconocido, su fama no se compara con la de los íconos internacionales que cuelgan a su lado en esta pared. Me agrada mucho verlo en este sitio de honor, ya que mi relación con Marcahuasi tiene raíces profundas.

Mi bisabuelo, Daniel Ruzo de los Heros, dedicó gran parte de su vida a esta meseta, y se le atribuye el haberla dado a conocer al mundo. Filósofo, poeta y explorador por naturaleza, trabajó incansablemente procurando entender los misterios de esta meseta andina: sus ruinas, lineamientos y particularmente sus monumentales piedras monolíticas de forma humana y animal. Gracias en gran parte a su fotografía y publicaciones, Marcahuasi pasó de ser un lugar desconocido y desprotegido a ser un valorado parque nacional, cuyo atractivo turístico es parte importante de la economía local.

Pero los artefactos y decoraciones de la oficina de Mayantuyacu también cuentan una tercera historia. Junto a las piezas peruanas, tradicionales y modernas, encuentro una estatua dorada china de la rana del dinero, y a su lado un elefante indio de cerámica llevando dólares estadounidenses en la trompa. Una gran pintura mexicana de la Virgen de Guadalupe vela la sala, flanqueada por postales de Canadá y una bota de vino española. Recuerdos decorativos de Italia, Argentina y Brasil cuelgan al lado de ornamentos navajos del suroeste de Estados Unidos. Me pregunto por un momento si el Maestro Juan es un maestro de la Amazonía o amazon.com, pero las notas y dedicatorias que acompañan las decoraciones delatan que son regalos de turistas agradecidos.

«¡Increíble!» me digo riendo. «¡No puede ser que tantos turistas hayan visitado este lugar! Debe de ser el lugar desconocido más conocido del mundo.»

—¡Andrés! —llama Guida,— no podemos contactar al Maestro. Está, en Mayantuyacu, en la selva, donde no hay conexión telefónica. Normalmente, no nos dejarían entrar sin su permiso, pero pudimos hablar con Sandra, quien nos dio la bienvenida. Parece que el Maestro sale de la selva hoy, y si tenemos suerte lo podemos alcanzar ahí antes de que se vaya. Lo bueno es que sí o sí, hoy verás el río.

Apenas puedo contener mi emoción y le doy un abrazo fuerte mientras ella se ríe.

—¡Ay, querido, pero todavía te falta ver tu río! Mejor empecemos a movernos, el viaje es largo y no quiero que me digas que te traje hasta la selva solo para ver el río de noche.

Pasamos las siguientes dos horas en otro taxi, evitando nuevos grandes baches llenos de agua en una carretera de tierra roja. Por la ventana observo expansiones de selva, exuberante e impenetrable, intercaladas con vastas colinas verdosas en las que pasta el ganado. Nuestro trayecto termina en el pueblito de Honoria, que bordea el imponente río Pachitea. Aquí, las aguas achocolatadas del Pachitea se extienden más de trescientos metros de orilla a orilla, y avanzan con tal fuerza y regularidad que sentía como si estuviera viendo pasar un tren gigantesco.

Estiro las piernas mientras veo al taxi desaparecer en una nube de polvo rojo. A primera inspección, el pueblo parece abandonado. No veo a nadie, probablemente a causa del sol abrasador del mediodía. La única señal de vida es una música lejana proveniente de una de las casas. Las casas están hechas de tablones de madera y tienen techos de metal ondulado. Muchas están construidas sobre pilotes, seguramente para protegerlas de inundaciones.

—Me parece que los guías de Mayantuyacu aún no han llegado —dice Guida—. ¿Comemos? Mira, ese es el restaurante del pueblo. —Señala a una casita color turquesa al borde del río construida sobre pilotes altos.

Cruzamos el umbral de la casita para encontrarnos en una larga terraza techada, con un piso de gruesas tablas de madera que resuenan con cada paso que damos. Estas resonancias reciben respuesta y pronto la propietaria, una anciana llena de energía, aparece con una expresión de alegría desbordada. Lleva cada arruga de su rostro como la condecoración de una vida vivida sonriendo. Solo verla nos hace sentir en casa.

—¡Hola, hola! ¡Bienvenidos a la selva! ¿Qué les puedo ofrecer? —nos pregunta con su voz tierna, con un acento amazónico marcado—. Para tomar tenemos Inca Kola, Coca-Cola o agua. Para comer tenemos huangana con su yuca y su arroz. También tenemos papitas en bolsa.

—¿Huangana? —pregunto.

—¡Es un chancho de la selva! —me responde emocionada.

Ambos pedimos el plato del día y una botella de agua. Ya sentados a nuestra mesa, vemos entrar un hombre por el otro lado de la terraza; lleva ropa desteñida y deshilachada, y sus botas de plástico que le llegan hasta la rodilla están cubiertas de barro. Se sienta a una mesa y se nos queda mirando.

Le sonrío y saludo amistosamente, con esperanza de que sea nuestro guía a Mayantuyacu. No me responde al saludo y su mirada pasa a una de reojo. Guida y yo tratamos de ignorarlo. Aparece otro hombre y un adolescente, se sientan con él y los tres empiezan a susurrar, lanzando miradas rápidas y furtivas a nuestras bolsas.

Les vuelvo a sonreír y saludar, nuevamente sin respuesta. Aunque no quiero ser malpensado, la experiencia trabajando en zonas desfavorecidas me ha enseñado a estar atento.

La anciana sale de la cocina y nos entrega la comida, que atacamos con avidez. Mientras como, permanezco alerta y de vez en cuando me quedo viendo al trío para que sepan que los estoy vigilando. Sus miradas se vuelven más disimuladas.

Cuando regresa la anciana a llevarse los platos, Guida se inclina hacia mí y me murmura:

—Voy a acompañarla para pagar adentro. Quédate con las bolsas y me pagas después. —Guida la ayuda a retirar los platos y entran juntas.

Varias situaciones cruzan mi mente, y recuerdo formas de actuar que me han mantenido a salvo en el pasado. Meto la mano al bolsillo para sentir mi rosario y aprieto con fuerza a la cruz entre mis dedos. Sigo la línea de mi cintura y deslizo la mano bajo mi camiseta para abrir el cierre del mango de un cuchillo de caza que llevo oculto. Me da tranquilidad que Sofía no esté aquí.

De repente, Guida interrumpe la tensión silenciosa de la terraza, llevando en mano dos botellas grandes de Inca Kola y varios vasos de plástico.

—¿Qué tal, chicos? —exclama, dirigiéndose a los tres hombres con una amplia sonrisa—. No han parado de mirarnos desde que llegaron. Aquí estamos entre amigos, solo tienen que saludar. ¿Quieren Inca Kola? Y miren, traje estos chocolatitos de Lima. Estamos aquí de visita para ver al Maestro Juan y a Sandra en Mayantuyacu.

Todos quedamos estupefactos.

—¡Vamos! —insiste Guida—, hay chocolate e Inca Kola para todos. Hace mucho tiempo que no vengo a Honoria, ¡así que quiero oír todos los chismes!

El trío sigue sacado de onda, pero se empiezan a recuperar y aceptan refresco y chocolate con risas un poco incómodas y avergonzadas. Al oír el alboroto, la anciana salió a la terraza entusiasmada, para rápidamente volver a entrar al local y pronto regresar con siete personas más: hombres, mujeres, niños y hasta un perro callejero.

De la nada, llegan más personas y nuestra reunión repentina ya pasa a ser una legítima fiesta de bienvenida. Todo sucedió con tal rapidez que no me pude contener la risa. Vuelvo a asegurar mi cuchillo con el cierre y pienso: «Qué lugar tan diferente sería el Perú hoy en día si la conquista hubiera sido dirigida por mujeres...»

La fiesta empieza a crecer cuando oímos el pronunciado ruido de un motor; es un *pekepeke*, una barca de río con un aire a una canoa flaca, alargada y con una proa saliente. Sus colores lo dejan casi camuflado contra el Pachitea, pero su bandera peruana, de brillante rojo y blanco, lo destaca contra el fondo de colores naturales. El *pekepeke* se desliza por las aguas hasta cuidadosamente encallar su larga proa en los lodos de la orilla del río.

—¡Ya llegaron! —anuncia la anciana—, ¡ellos los van a llevar a Mayantuyacu!

6 Esperanzas y ciencia cierta

Pe-ke, pe-ke, pe-ke, pe-ke. La canoa motorizada emite un sonido mecánico y rítmico mientras navegamos contra la corriente del imponente Pachitea. Nuestro capitán, un viejo lugareño bajo y estoico, controla el pequeño motor en la popa. Cuando se presentó en Honoria nos dio una sorpresa inesperada.

—¿Te llamas Francisco Pizarro? ¿Como el conquistador? —le pregunté.

—Sí, señor —respondió orgullosamente.

En la media hora desde que embarcamos no he dejado de ojear el paisaje, atento a cualquier hilillo de vapor que pueda indicar la presencia del enigmático río térmico. El Pachitea se extiende frente a nosotros como una inmensa autopista atravesando la selva, bordeado por barrancos empinados y lodosos de unos cuatro metros de alto. La selva brota de la cima de cada barranco en una erupción verde y frondosa, formando un muro impenetrable que oculta la topografía más allá de los árboles de la orilla.

En puntos observo parcelas de selva domesticada, praderas desarboladas que parecen haber sido excavadas en la tupida floresta de la montaña. Allí vacas blancas rumian despreocupadamente mientras cabañitas rústicas con techos de palma vigilan las pertenencias. Estos terrenos me obsequian vistas rápidas de la topografía, pequeñas colinas ondulantes y quebraditas, que me dan indicaciones de la geología de la zona.

Zarpando de las orillas de lodo rojizo de Honoria, nuestro *pekepeke* se desliza silenciosamente en la corriente del poderoso río Pachitea. El motor de la barca rompe el silencio y empezamos el viaje río arriba, siguiendo el rastro de cuentos y leyendas.

—Increíble, ¿no? —pregunta Guida, radiante—, me fascina estar en la selva.

—Es hermosa —asiento— pero estoy impaciente por ver finalmente el río. Me está costando enfocarme en otra cosa.

Guida se ríe.

—Disfrutemos lo que tenemos enfrente —me aconseja, señalando al paisaje tropical—, ya pronto estaremos en tu río.

Seguimos subiendo el Pachitea cuando Brunswick, el aprendiz del chamán, quien está sentado en la proa del *pekepeke*, me llama la atención:

—¡Ahí está la boca del río! —grita, mientras señala hacia una quebrada a unos diez metros más adelante—. Ahí chocan las aguas, caliente con fría.

¡El río! Oír esas palabras descorcha mis emociones reprimidas y siento brotar en el pecho un entusiasmo desbordado. Preciso la vista hacia donde Brunswick apunta y veo un afluente, más ancho que una carretera de dos carriles, inyectando sus aguas caudalosas de color verde oliva oscuro en las aguas achocolatadas del Pachitea. Mis ojos entusiasmados estudian cada detalle, de un lado al otro, buscando el más mínimo rastro de vapor... pero sin suerte. Siento la fría y aguda punzada de la desilusión.

La proa empieza a entrar a la pluma de agua verde y Brunswick hunde su mano en las aguas, indicándome que haga lo mismo. Sumerjo la mano en las frías aguas marrones del Pachitea, esperando que mi sección del *pekepeke* se deslice por el umbral de las aguas aceitunadas. Cruzando el límite, marrón a verde, siento un cambio casi instantáneo de frío a tibio. La temperatura sigue aumentando mientras nos acercamos a la boca del afluente hasta que ya en la boca aprecio temperaturas considerablemente más altas que las del Pachitea, pero como un baño de agua caliente, no hirvientes. Siento otra fría punzada de desilusión.

Sé que no debería sentirme decepcionado, y que como científico debo separar lo que quiero observar de lo que actualmente observo;

pero la emoción me había sobrepasado. Esperaba ver el legendario «río hirviente de la Amazonía»... y este río tibio no parece digno de semejante título. Doy un largo suspiro.

«Basta. Ya no más especulación. Hay mucha esperanza y poca ciencia cierta. Ni una expectativa más hasta que llegue a Mayantuyacu donde, con datos cuantificables, el río me podrá contar su propia historia», me digo a mí mismo.

Con un golpe suave y prolongado, Francisco Pizarro atraca expertamente la proa del *pekepeke* en los lodos rojizos de la ribera. Subimos escalones tallados en el barro vivo del barranco para llegar al comienzo de un sendero, angosto y lodoso, que se adentra en la selva. Prendo mi GPS y enciendo el marcador de ruta; no quiero dar ni un paso sin documentarlo. Nos despedimos de Francisco Pizarro, quien regresará a Honoria, y Brunswick toma el mando.

Entramos a un mundo de sombras y luz difusa. La espesa fronda de los árboles nos protege del sol abrasador, que deja cada hoja iluminada con un verde resplandeciente. Vemos flores de colores eléctricos, manifestaciones de vida tan delicadas y exóticas que parecen de otro mundo. El sendero está bien marcado pero desigual. En partes serpentea entre gruesos árboles con imponentes raíces tabulares; en otras nos pasea por túneles recortados del follaje con paredes de lianas, retorcidas en formas fantásticas y con texturas extrañas. Coros de animales ocultos nos cantan serenatas acompañados del zumbo de escuadrones de mosquitos mantenidos justo a raya por la pomada repelente que cubre nuestra piel expuesta.

Subimos y bajamos por la topografía ondulante y forestada hasta llegar a un gran claro en el bosque. El vestigio deteriorado de lo que parece una carretera de tierra me llama la atención.

—¿Qué es eso? —le pregunto a Brunswick.

—Hace tiempo una gente se ha metido a talar. Llegaron con sus trac-

tores y se llevaron los árboles grandes —responde solemnemente—, los echaron, pero el claro sigue.

Pasamos un rato contemplando el vacío hasta que Guida rompe el silencio:

—Años atrás —empieza paulatinamente— en la selva mucho más al sur, estaba haciendo trabajos sociales con un grupo de indígenas. La aldea quedaba a las orillas de un gran río, y aunque se suponía que era una zona protegida, los lugareños tenían problemas con leñadores ilegales. Una noche no pude dormir y decidí salir a ver el río. La luna llena me daba buena visibilidad y la noche estaba fresca, era mágico. Pero llegando a la

El avance de la deforestación en la zona del Río Hirviente se ha vuelto una tragedia cotidiana. Las tierras son invadidas y los grandes árboles son talados y vendidos (casi todo hecho ilegalmente). Lo que queda de la selva es quemado y despejado para fines agropecuarios.

ribera empecé a oír unos ruidos extraños. Cuando finalmente pude ver lo que sucedía, parte de mí hubiera preferido no haber visto nada. Hasta donde me alcanzaba la vista, de un lado al otro, río arriba y abajo estaba lleno de gigantescos troncos talados, cada uno fácilmente de cientos de años. Hombres con varas largas caminaban sobre ellos dirigiéndolos río abajo. No cabía duda de por qué transportaban los troncos de noche.

»Me sentía tan impotente —dice, evidentemente reviviendo lo vivido—, se suponía que yo estaba trabajando ahí justo para ayudar a la comunidad a luchar contra ese tipo de depredación. Me sentí tan desesperanzada que caí de rodillas y me puse a llorar.

»Al día siguiente —continúa— le conté a los de la comunidad lo que había visto. Me dieron a entender que era un hecho muy familiar. Me explicaron cómo llegaban los leñadores para talar los árboles grandes; y cómo para transportarlos, le prendían fuego a la selva virgen, dejando inmensas franjas de tierra quemada y despejada. Para terminar la obra usaban tractores, como los que hicieron estos caminos —dice ella, señalándolos— para arrastrar los troncos caídos al río más cercano.

—Terrible —digo indignado.

—Pero lo peor vino después —insiste Guida—; resultó que la mayoría de aquellos antiguos troncos eran lupunas, árboles majestuosos con amplias copas que son conocidas como las Señoras de la Selva. Muchos pueblos amazónicos dicen que cada lupuna alberga espíritus poderosos, y hasta hay tribus que consideran una grave ofensa ir al baño cerca de ellas. Toma esto en contexto, y ahora piensa cómo me sentí al descubrir que estas lupunas estaban destinadas para hacer *madera contrachapada (triplay)*.

Un silencio melancólico envuelve nuestro grupo mientras seguimos avanzando por el sendero. Mis pensamientos regresan al Río Hirviente. Asumiendo que los relatos del río no están exagerados, hay tres posibles explicaciones para su existencia. Una: es un sistema volcánico/magmático; dos: es un sistema hidrotermal no volcánico donde las aguas geotérmicas salen desde las profundidades de la tierra; y tres: es un fenómeno causado por el hombre.

Esta última posibilidad me desconcierta. ¿Qué hago si el Río Hirviente es el resultado de un accidente petrolero: un pozo descuidado, un trabajo de «fracking» (fracturación hidráulica) mal hecho, o fluidos de producción inapropiadamente reinyectados en la tierra? Conozco muchos casos, en el Perú y otros países, donde accidentes petroleros han causado fenómenos geotérmicos, siendo el más infame el denominado «volcán de barro Lusi». Lusi inundó en la isla de Java gran parte de una ciudad con lodos calientes, y terminó desplazando más de treinta mil personas. Accidentes a esta escala rápidamente adquieren una importancia política y económica significativa; nadie quiere pagar los daños y, por lo tanto, «la verdadera causa» de Lusi sigue siendo una cuestión conflictiva.

Lusi es un caso del extremo negativo. Pero a veces los lugareños le sacan provecho a estos accidentes. Cuando vivía en el desierto de Talara, visité dos atracciones turísticas con orígenes inesperados. Hace más de medio siglo dos pozos petroleros, que solo producían salmuera caliente, estaban a punto de ser sellados y cerrados permanentemente. Los lugareños le vieron potencial a los pozos y presionaron exitosamente a las compañías petroleras para dejar los pozos abiertos. Los pozos se convirtieron en baños termales, donde los lugareños le cobran la entrada a turistas, invitándolos a relajarse en las «aguas curativas y naturales» y hasta a aplicarse el fango termal «rejuvenecedor» en la cara.

Saco mi GPS que me confirma que estamos en el Domo de Agua Caliente, muy cerca al campo petrolero más antiguo de la Amazonía peruana, y en una zona donde, según el mapa del Gobierno, no hay manifestaciones geotérmicas. Pero algo no tiene sentido. ¿Acaso no se llama el «Domo de *Agua Caliente*»? Esta es una zona bien estudiada, geológicamente; y un gran río térmico no es muy común, ni en áreas volcánicas, ¿cómo puede ser que nadie lo haya mencionado?

Las palabras del informe de 1965 me vienen a la mente: «pequeño manantial tibio». Conecto los puntos y doy un largo suspiro, adoptando lo que en este momento me parece la explicación más factible. Quizá el río *era* un pequeño manantial tibio que, por un accidente petrolero, terminó como un río hirviente. Quizá le convenía a *alguien* que el río no apareciera en ningún informe o mapa. Los accidentes son malos para los negocios, y una compañía arreglando estos «inconvenientes» con

ZONA PROHIBIDA

Mayantu yacu

Un letrero a la entrada de Mayantuyacu prohíbe el paso a los leñadores ilegales y cazadores furtivos. Curiosamente, el lindero de la propiedad lo marca un viejo oleoducto: un recordatorio de que en esta misma selva se perforó el primer pozo productor de petróleo de la Amazonía peruana.

«contribuciones» a oficiales del Gobierno tampoco es una explicación difícil de imaginar. Quizá hasta las leyendas amazónicas fueron asignadas recientemente para agregarle valor turístico...

Estoy frustrado. Este viaje ha sido una inversión de tiempo y dinero que no me sobra, y lo último que necesito es complicarme con alguna corrupción encubierta. Quiero respuestas, pues estoy harto de tantas incertidumbres. Necesito la ubicación precisa del GPS para determinar exactamente a qué distancia se encuentra el río de los pozos petroleros. Necesito medidas de la temperatura para ver qué tan exagerados son estos cuentos del río. Y me urge encontrar ese bendito reporte de 1933 de Morán, ya que es el único estudio que me puede indicar si el río existía antes del desarrollo petrolero en esta zona.

Me preparo para aceptar el resultado que salga. La ciencia no se trata de la historia que queremos escuchar, sino de la historia que nos cuentan los datos.

Brunswick se detiene.

—Mira esto —me dice, señalando un tubo grueso y parcialmente enterrado que cruza el sendero—, mucho antes esta tubería llevaba petróleo del campo petrolero a Pucallpa. Ya van años que no la usan, y la gente se ha llevado los tubos para vender la chatarra. Aquí nos marca nuestro límite: de aquí al río, estamos en Mayantuyacu.

Escrito en largas tablas de madera pintada leo: MAYANTUYACU - ZONA PROHIBIDA.

—¿Zona prohibida? —le pregunto a Brunswick—. ¿Prohibida para quién?

—Invasores. Gente que se mete a matar animales, cortar árboles y robar tierras. No queremos eso. En Mayantuyacu queremos hacer buenos trabajos, curar a las personas con medicina natural. Las plantas y los abuelos nos enseñan a curar —Brunswick se detiene y mirando un gran árbol a la orilla del sendero, posa su mano delicadamente en el tronco—. Los espíritus se van cuando cortan la selva. *Mayantu* —dice apuntando al letrero— por el espíritu de la selva, y *yacu* por el espíritu del agua. Aquí curamos trabajando con ambos espíritus.

El profundo respeto con el que Brunswick pronuncia estas palabras me conmueve. Decido que por ahora no debo compartir mis hipótesis sobre el origen del río con los de la comunidad. Hasta el escepticismo científico más aséptico tiende a ser interpretado como una falta de respeto.

La pendiente del sendero se inclina y pronto nos encontramos en la cima de una gran cresta, coronada por gruesos árboles que parecen vigilar el panorama como centinelas. Las últimas dos horas caminando en el calor y la humedad nos han dejado exhaustos. Guida y yo aprovechamos para descansar y recuperar el aliento.

—Ya casi llegamos —nos asegura Brunswick sonriente.

Entre nuestras respiraciones empiezo a distinguir otro sonido, algo en la distancia, distinto y sutil.

—¿Qué es ese sonido? —le pregunto a Brunswick—. Como el sonido de un oleaje constante y lejano.

Brunswick me mira sonriente:

—El río.

7 El río

—¿El río? —pregunto asombrado.

Brunswick sonríe con una mirada cómplice.

—¡Anda! —me incita, señalando al camino inclinado que baja la cresta.

Cansancio olvidado. Dejo atrás a mis compañeros de viaje y bajo por el sendero a toda prisa. El río me llama con su susurro murmurado, que suena más fuerte con cada paso que tomo. Lo busco, inspeccionando el panorama con vistas rápidas y precisas, pero la misma selva no me permite ver nada más allá del follaje. El camino se va despejando y a través de los árboles logro distinguir un gran espacio abierto con unas construcciones rurales de madera. Finalmente veo un detalle que me llama la atención, escabulléndose entre las copas de los árboles y los techos de los inmuebles: hilillos esporádicos de vapor. Avanzo con aún más prisa. El camino termina en un tope brusco contra una casa. Rodeo este último obstáculo con impaciencia para ser detenido por la intensa luz del sol deslumbrante, totalmente inhibido por la fronda de los árboles.

Mis ojos entornados se adaptan a la luz brillante, para revelar una vista edénica. Entre dos muros verdes de selva y árboles altos veo fluir un río, tan ancho como una carretera de doble vía, de aguas color turquesa, transparentes y con estrechas riberas adornadas de roca color marfil. Mis ojos siguen la curva del río hasta que se pierde en la selva. Manchas de agua, blancas y agitadas, aparecen donde la corriente

El Came Renaco, el icónico árbol guardián de Mayantuyacu. Los lugareños cuentan que las medicinas tradicionales hechas con recortes de este árbol tienen mayor potencia, ya que el árbol vive tomando el vapor del río.

choca contra las piedras, indicando la fuerza del caudal. Pero es un detalle de este paisaje lo que me deja hechizado: velos efímeros de vapor blanco flameando elegantemente sobre la superficie del río.

Me acerco paulatinamente al borde de un peñasco pequeño para confirmar lo que estoy viendo. El sol de la tarde cae con fuerza sobre mí. Estoy sudando. Mi corazón palpita de emoción. Estas aguas deben de estar *muy* calientes para estar humeando en un día tan soleado.

Se me escapa una carcajada de emoción que se funde con el sonido de una catarata, a unos pasos río arriba. Tiene una caída de unos tres metros que me llama a explorar sus aguas humeantes. Investigándola distingo otro sonido, como el bajo rugir de una ola rompiendo sin cesar. Este nuevo sonido hechicero me guía río arriba hasta que llego al pie de un árbol oscuro y amenazante, parece haber salido de un cuento de hadas.

El tronco está envuelto por una maraña de lianas gruesas, y sus ramas se extienden como las víboras de la cabeza de una gorgona. Es como si todas las serpientes de la selva se hubieran enredado para darle forma a un tronco, raíces y ramas. El árbol nace de la punta de un peñasco y crece en un ángulo casi horizontal, hasta unos cinco metros de alto, para arquearse sobre parte del río humeante. Su posición parece precaria, pero sus largas y recias raíces lo atan al peñasco como los tentáculos de un pulpo que rehúsa desprenderse.

Cerca de una raíz maciza, encuentro un letrero pintado donde se lee: «EL CAME RENACO». Quedo contento con el nombre del árbol misterioso, pero no puedo evitar pensar que cualquier intento de explicitar la importancia de este árbol parece superfluo. La misma forma del Came Renaco parece distinción suficiente. Podría ser el hogar de un gran espíritu, o tal vez la prisión de uno malvado.

El sonido de la ola rompiendo sin cesar me sigue llamando. Cerca del Came Renaco encuentro unos escalones tallados en la piedra viva del peñasco que me llevan al borde del río. Abajo, hilillos de vapor me rodean y envuelven, siento claramente cómo el río aumenta el calor y la humedad del ambiente. Entre el río y el sol, es como estar en una sauna dentro de un horno. Me siento en las piedras de la ribera y están calientes.

—Ha llegado la hora de la verdad: veamos si realmente hierves —le digo al río, sacando mi termómetro cuidadosamente envuelto de mi mochila. Aseguro que el termómetro está bien calibrado y cuidadosamente sumerjo el instrumento en el agua para tomar la medida de la temperatura. Observo con anticipación cómo se ajustan las lecturas en la pantalla del termómetro. Las cifras empiezan a estabilizarse y por fin tengo mi primera lectura: 85,6 °C.

A esta elevación, el agua hierve justo por debajo de los 100 °C. Estas aguas no están hirviendo, pero no esperaba una temperatura tan alta y están lo suficientemente cerca para sorprenderme. Para contextualizar esto: una taza de café «normal» se sirve a cerca de 54 °C, pero a solo 47 °C el agua empieza a quemar y volverse peligrosa. Meter la mano en el río me produciría quemaduras de tercer grado en menos de medio segundo y caer en él podría matarme.

Después de años de preguntas, dudas y frustraciones, finalmente me encuentro frente al enigmático «Río Hirviente». El relato está exagerado, pero no por mucho. Dejo enfriar el termómetro y repito las mediciones unas veces más, cada vez registrando temperaturas cerca de 86 °C. Son temperaturas elevadas, pero son típicas de muchos sistemas geotérmicos, volcánicos y no volcánicos. Pero lo que me parece realmente asombroso es el impresionante volumen de agua caliente. Necesitas una fuente de calor muy potente para calentar *tanta* agua. Esperaría ver algo así en el supervolcán de Yellowstone o en el *rift* volcánico de Islandia; pero no en la cuenca amazónica, aproximadamente a setecientos kilómetros del volcán activo más cercano. ¿De dónde vienen estas aguas? ¿Dónde adquieren el calor? ¿Cómo puede existir este río?

Marco la ubicación en el GPS. Como esperaba, estamos dentro del borde geológico del Domo de Agua Caliente. Miro hacia el sur, frunciendo el ceño con preocupación; estamos a unos dos kilómetros del campo petrolero. «Ojalá que este río sea natural», pienso.

—¡Te dije que era verdad! —me sorprende Guida con un grito por encima del fragor del río. La veo descender los escalones para llegar hasta donde estoy sentado, rodeado por mis instrumentos—. Parece que nos cruzamos con el Maestro Juan. Dicen que salió a Pucallpa esta mañana con un grupo grande de pacientes extranjeros, y muchos de la comunidad también lo acompañaron.

Guida me asegura que lo conoceré mañana en las oficinas de Pucallpa antes de ir al aeropuerto, pero quedo desconcertado con la posibilidad de volverlo a cruzar. Ahora sé que el río existe, pero necesito comprender qué lo causa, y para esto necesito muestras para analizar en el laboratorio. Sea un fenómeno natural o no, este río es sagrado para la comunidad, y atreverme a tomar muestras de estas aguas sagradas sin el permiso del Maestro no me parece ético.

—No te preocupes —insiste Guida—, hablaremos con Brunswick. Ahora cuéntame, ¿qué te parece el río?

—Es impresionante. Lo veo. Lo tengo aquí enfrente... pero todavía me parece increíble. Y este lugar es tan bello, un paraíso... —respiro profundo, tomando una breve pausa—, solo ruego que sea natural.

Inmediatamente me arrepiento de haber hecho este último comentario, todavía faltaba explorar el río y expresar esta preocupación en voz alta me parece prematuro.

—¿Cómo no va a ser natural? —pregunta Guida sorprendida.

—Tengo tres hipótesis como posibles explicaciones para el origen del río. La primera es un origen volcánico, donde aguas subterráneas son calentadas por magmas, como en Yellowstone. Esta hipótesis no me parece muy probable, ya que estamos en una cuenca sedimentaria, no en una zona volcánica, y ningún estudio ha identificado algún cuerpo de magma en esta zona.

»Mi segunda hipótesis —continúo— es que el mismo calor de la Tierra calienta las aguas. La Tierra aumenta de temperatura a mayor profundidad, a esto le llamamos el gradiente geotérmico. En esta explicación, las aguas calientes vienen de las profundidades de la Tierra, y tienen que fluir hasta la superficie lo suficientemente rápido para no enfriarse. Con semejante volumen de agua, me imagino que los índices de flujo tendrían que ser impresionantemente rápidos. Cuál sea la causa, volcánica o no, si es natural es una de las manifestaciones geotérmicas más grandes que he visto.

»Te pido que, por favor, mantengamos la tercera hipótesis entre nosotros, por ahora. Existe la posibilidad de que el río no sea un fenómeno natural. Es decir, el río puede ser consecuencia de un accidente petrolero por una técnica de extracción llamada *fracking*, por un pozo abandonado o por fluidos de producción mal reinyectados que están saliendo a la superficie. Estamos a solo dos kilómetros de un campo petrolero, y geológicamente hablando, dos kilómetros no son nada.

—¡Caramba! —exclama Guida—, ¿cómo llegas a descubrir la verdad?

—Necesito analizar las aguas, y para eso necesito muestras y el permiso del Maestro para estudiar el río —contesto—. También hay un estudio de 1933 que me urge encontrar, ya que tengo la esperanza de que ahí se describa el río antes de que empezara la explotación petrolera. Si es natural, tomará años de estudio para realmente entender este fenómeno; lo bueno es que ya dimos el primer paso: tengo la ubicación exacta y sé que las altas temperaturas no son una exageración.

Guida me sonríe orgullosamente.

—Cuando volvamos a Lima —le explico—, revisaré los informes sobre esta área, que afortunadamente es una región geológicamente bien estudiada. También me parece importante contactar a la compa-

Barrancos empinados y densa vegetación presentan retos al trabajo de campo en el Río Hirviente. Como caer al río puede tener consecuencias fatales, el mismo entorno exige que cada paso sea intencional y calculado.

ñía petrolera para informarme de sus actividades aquí. Si puedo, me gustaría regresar el año que viene con un equipo de investigación y así medir las temperaturas a lo largo del río por todo su recorrido para identificar su patrón de calentamiento.

—¿Qué te dice el patrón de calentamiento? —pregunta.

—Cómo y dónde se calienta. Por ejemplo, si las aguas calientes provienen de un pozo petrolero que está enterrado u oculto, veremos un solo punto de calentamiento. Si hay varios puntos de calentamiento, hay otra explicación; y si en este viaje logro tomar muestras de agua puedo analizarlas en un laboratorio para ver qué huellas químicas tienen y si corresponden con algún acuífero geotermal conocido, o si tienen rastros magmáticos o de un campo petrolífero. Pero, como dije, necesito el permiso.

—¿Qué harás si descubres que se debe a un accidente petrolero? —pregunta Guida.

—Ni idea... ¿caerle mal a los lugareños? —Nos reímos, pero la idea me hace un nudo en el estómago—. Hablando en serio, haría lo correcto: lo reportaría a las autoridades.

—Y así le caes mal a los lugareños, ¡y a los petroleros! —ríe Guida—; pero ¿si es natural?

—Tendré la prueba de que el mundo es mucho más mágico y asombroso de lo que podía haber imaginado.

8 El chamán

La media luna envuelve la selva con su suave luz mientras el río le canta una canción de cuna con el fragor de sus aguas. La noche ha llegado a Mayantuyacu y pronto quedo solo en la oscuridad, acompañado por mis pensamientos y por los insectos hambrientos que merodean el mosquitero que cubre mi cama.

Extraño a Sofía y pienso en cómo podré empezar a explicarle lo que hoy he vivido. Han sido años en un día. Si escribo un libro, sentiré que la historia aún quedará corta. Si saco el estudio científico más detallado y riguroso, la magia del río y su entorno quedarán sin cuantificar. Siento que cualquier intento de transmitir lo que es este lugar en foto o vídeo equivale a capturar la inmensidad del mar en un baldecito. ¿Es tal vez por esto que dicen que este lugar es sagrado?

Revivo las memorias de este día que está por terminar. A primera hora, Brunswick nos guio río arriba. En el camino identificaba cada planta y su uso medicinal, y también señalaba cada rincón que pasábamos como el hogar de un duende o espíritu. Vimos aguas peligrosamente calientes en grandes pozas y hasta en cataratas, la más grande con una caída de unos seis metros.

Sobre el muestreo, Brunswick me dijo que podía tomar muestras de agua, para después presentarle todo el proyecto al Maestro en Pucallpa. Brunswick observaba con mucho interés cómo yo llenaba cada botella con agua humeante y registraba cada detalle del sitio muestreado.

Siguiendo el recorrido del río, llegue a medir temperaturas de hasta 91 °C, y descubrí tres puntos principales donde el río aumentaba en calor y volumen. Este patrón de calentamiento me dio la esperanza de que el río fuera natural, o por lo menos no causado por un pozo petrolero abandonado. Pero la posibilidad de que fuera el resultado de aguas reinyectadas del campo petrolero manando a través de fallas geológicas seguía abierta. Necesitaba más datos antes de poder probar nada.

Mi mayor sorpresa no vino con la zona de aguas calientes, sino con el origen de las aguas, río muy arriba y selva bien adentro. Lo que río abajo se convertía en un caudal térmico imponente, empezaba como un pequeño riachuelo frío. Acercándonos a este punto, Brunswick dijo que estábamos entrando al sitio más sagrado del río: el hogar de la Yacumama, «Madre de las Aguas», un espíritu poderoso con forma de serpiente gigante.

Quedamos frente a una gran roca que emergía del follaje, compuesta de areniscas amarillentas y cubierta de musgos verdes, que tenía la forma de la cabeza de una serpiente gigante y bajo sus «mandíbulas» protectoras jugaban sus crías: las aguas frías del riachuelo y las calientes de un manantial. Quedaba claro que en esta selva cohabitan realidades y leyendas.

Brunswick explicó que el río existía desde antes de la época de los abuelos, y que representaba tanto la vida como la muerte. Empezando nuestra excursión, vi a una desafortunada rana caer al río y cocinarse viva, y avanzando vi que era una ocurrencia común que el río se decorara con los huesos y exoesqueletos de aquellos que no mantenían su distancia. Paradójicamente, alrededor de estas peligrosas aguas, la vida era abundante. Donde miráramos algo brotaba, reptaba o culebreaba. Incluso dentro del mismo río, aprecié los colores vibrantes de algas termófilas.

Brunswick también nos contó de los pacientes que venían a curarse al río. Para ingresar, tenían que ser recomendados por un «amigo de Mayantuyacu», como Guida hizo conmigo. Resulta que casi todos los

Una víctima del río. En este tramo las temperaturas del río están cerca de 80 ºC. Caer a semejante volumen de agua caliente provoca quemaduras casi instantáneas de tercer grado. He visto varios animales desafortunados caer al río. Tratan de salir, pero pierden fuerzas mientras la carne viva de sus músculos se cocina hasta que quedan sin vida y sus cuerpos inertes son llevados plácidamente por la corriente.

pacientes eran europeos y norteamericanos. También llegaban antropólogos y psicólogos a estudiar las medicinas tradicionales, pero nunca nadie había venido a estudiar el río.

En el pasado, la gente atribuía el origen del calor a la Yacumama. Ahora, los lugareños y los visitantes dan por supuesto que el calor proviene de un volcán...

—Este tiene que ser el lugar «desconocido» más conocido del mundo —digo en voz baja, despertando del ensueño de mis memorias y adormeciéndome con el sonido del río.

Despierto a los sonidos armoniosos de la selva matutina. El sol tropical entra por las ventanas y los agujeros de mi cabañita de madera. Empaco meticulosamente las muestras y mis instrumentos para emprender el largo camino de vuelta a Lima.

Tomando muestras de agua para análisis geoquímico en el Río Hirviente. Este lugar, la Catarata de la Sirena, queda río arriba de donde nacen las primeras aguas calientes, y según los lugareños, es el hogar del espíritu de una sirena.

Me encuentro con Brunswick, y le pregunto dónde puedo conseguir un té. Me da una taza y una bolsa de té, y luego me señala al río. Me parece una broma hasta que él me muestra su propia taza de té. ¡Es en serio! Bajando hacia el río, considero todos los metales pesados y otros elementos nocivos, orgánicos e inorgánicos, que suelen encontrarse en las aguas geotérmicas.

Frente a las aguas del río, pienso en Brunswick y en los que regularmente beben estas aguas.

—Supongo que lo que no mata, engorda —digo viendo pasar las aguas del río antes de llenar la taza cuidadosamente. Estudio el agua cristalina e inodora mientras remolinos de vapor me acarician el rostro. Cuando se enfría, tomo el primer sorbo. El sabor es limpio y agradable. Tomo mi té sentado en la ribera, despidiéndome del río y de una experiencia inolvidable.

Al llegar nuevamente a Pucallpa, Guida y yo nos volvemos a encontrar frente a la puerta verde, sin ventana ni pomo. Llegó la hora de conocer al Maestro Juan.

Una ola de entusiasmo nervioso me invade cuando Guida toca a la puerta, que pronto empieza a abrirse.

—¡Sandra! —exclama Guida. Las viejas amigas se abrazan. Guida me presenta y Sandra nos invita a entrar.

—No es muy común conocer a alguien buscando volcanes y los ríos calientes... ¡Me alegro de que no hayas caído al río! —Me sonríe tomándome del brazo, y añade—: Sabemos que Guida solo nos traería a buenas personas. ¡Adelante, por favor!

Nos lleva a la sala decorada donde empezó nuestro viaje ayer. Un hombre se levanta de su asiento. Parece tener unos sesenta años. Lleva una camiseta Nike, unos largos shorts marrones, largos calcetines y ningún calzado. Aunque estamos lejos de Mayantuyacu, siento la presencia de la jungla en la sala. Su piel lleva el color achocolatado del Pachitea, y su cabello corto y sus ojos penetrantes son tan oscuros como la noche selvática.

El Maestro Juan nos da una mano de bienvenida y nos sentamos. Guida y Sandra se ponen al día entre ellas, con el Maestro y yo de público. El Maestro, sentado monolíticamente, mantiene silencio. No dudo de que está atento a cada detalle, y me parece evidente que me está estudiando.

—Cuéntame, Andrés, ¿qué te pareció Mayantuyacu? —pregunta Sandra. Percibo la mirada del Maestro enfocarse en mí con más atención.

—Increíble —le respondo—. El río es una maravilla, del Perú y del mundo.

—Una maravilla —repite el Maestro rompiendo su silencio—. Y, ¿por qué dices que es una maravilla? —pregunta, inclinándose hacia mí.

—Es una buena pregunta —contesto nerviosamente. Señalando hacia los retratos enmarcados de la pared, digo—: Mira, «Las maravillas de

Perú». Son sitios especiales, asombrosos, que te inspiran solo estando ahí. He tenido la suerte de estar en muchos de ellos, pero el que mejor conozco es Marcahuasi. La primera vez que fui tenía doce años.

El Maestro enfoca su mirada.

—Difícil estar ahí arriba con solo doce años.

—Sí, pero es un lugar importante para mi familia —respondo.

—El doctor Daniel Ruzo.

—Sí —respondo atónito al oír el nombre de mi bisabuelo—, ¿cómo lo sabías?

—Hace muchos años subí a Marcahuasi, para aprender de los muertos —dice solemnemente—. La gente de Marcahuasi respeta mucho al doctor Daniel Ruzo.

—Era mi bisabuelo —confirmo—. Murió cuando yo era muy pequeño. Pero amaba Marcahuasi, y cuando estoy allí me siento conectado a él.

La mirada del Maestro se suaviza.

—Es importante conectar con los antepasados.

Asiento y empiezo:

—Hace poco me sentí muy conectado con él cuando mi bisabuelastra me regaló algunas de sus cosas —sonrío al recordarlo—. Pasó algo divertido aquel día. Cuando se enteró de que me había graduado como geólogo, ella se dobló de la risa y cuando finalmente retomó la compostura me dijo, con lágrimas de risa aún en los ojos: «¡No había grupo de personas que tu bisabuelo detestara más que a los geólogos!» Luego, miró al cielo y dijo: «¿Lo ves, Daniel? ¡Karma!»

—¿Por qué karma? —pregunta el Maestro.

—Mi bisabuelo tenía sus propias ideas de lo que... o para él, quien..., talló los monolitos de Marcahuasi. Los geólogos no estaban de acuerdo con él y... pues, digamos que esto no le sacó su lado más noble.

Una sonrisa se extiende por la cara del Maestro.

—Así que, ¿a quién honras: a tu bisabuelo o a sus *amigos*?

—No creo que se trate de honrar a ninguno —contesto—. Se trata de honrar a Marcahuasi. La naturaleza nos cuenta su propia historia. A veces no sabemos leerla y a veces la malinterpretamos, pero hay una diferencia entre estar abierto a cualquier resultado y solo buscar el resultado que quieres. Lo digo con todo respeto, pero mi bisabuelo no era un científico, y sus escritos me dejan la impresión de que él estaba más interesado en tener la razón que en escuchar a la naturaleza.

El Maestro sonríe.

—Las plantas nos enseñan a curar a las personas. Para hacer la medicina hay que saber escucharlas. Si no pones atención puedes hacer mucho daño. —Contempla algo y luego agrega—: ¿Por qué estudias geología?

—Me encanta estar afuera —respondo con una sonrisa— . Pero además, siento que la geología me presenta la vía más directa para cambiar al mundo, específicamente respecto a cómo producimos energía y recursos. Tengo la suerte de ser de tres países: Perú, Nicaragua y Estados Unidos. Son lugares muy diferentes, pero tienen necesidades similares: comida, agua y aire limpio, estabilidad económica y prosperidad social. Nuestra manera de producir y utilizar nuestros recursos naturales tiene un impacto, directo o indirecto, en estas necesidades y en casi todas las que te puedas imaginar. Así que encontrar formas más eficientes de producir energía y recursos, mientras minimizamos el impacto en el medio ambiente, nos ayuda a resolver varios problemas a nivel mundial. Creo que si cuidamos a la naturaleza, ella nos cuidará a nosotros. Y por lo tanto, la geología es mi forma de honrarla.

El Maestro no responde y quedamos en silencio por un momento que me parece incómodamente largo. Finalmente la curva de una sonrisa serpentea sobre su rostro y suelta una sonora carcajada. Se ríe como alguien que disfruta profundamente reírse.

—Ya entiendo —dice tiernamente—. Yo soy un curandero de personas: mi misión es curar a la gente. Tú eres un curandero de la Tierra y tu misión es curarla. Fuiste creado para esta misión. La naturaleza está en todo el mundo, no tiene fronteras. Es de todos, y de nadie. Son almas gemelas. Es importante que hagas tus estudios, y tienes mi bendición de hacerlos en Mayantuyacu.

Quedo sin palabras.

El Maestro vuelve a reír, sacando una sonrisa ancha, llena de dientes. Con una mirada simpática pregunta:

—Una buena sorpresa, ¿no?

Se lo agradezco profusamente y le expreso mi esperanza de volver pronto.

—Una cosa más, Maestro.

—¿Sí?

Le presento la bolsa de muestras de agua.

—Estas son las muestras que tomé en Mayantuyacu. Hubiera preferido pedirte permiso antes de tomarlas, pero como que no estabas, Brunswick me recomendó tomarlas y traértelas en persona.

—Ya tienes tu permiso —confirma con suavidad, cogiendo una de las botellas y contemplándola—. Gracias por mostrármelas. Eres un buen chico —se levanta y añade—: tengo algo para ti.

Sale del cuarto un instante, y al regresar deja caer algo en mis manos. Siento un objeto frío, de textura lisa y con leves ondulaciones.

—Es un encanto de la selva, un talismán para protegerte en tu misión —me dice mientras estudio la ostra fosilizada que ahora tengo en mano. Le agradezco por este regalo generoso e inesperado.

—Hay algo más que me gustaría pedirte —agrega, volviendo a recoger una de las muestras de agua—. Cuando acabes de estudiar estas aguas, viértelas en la tierra, estés donde estés en el mundo, para que las aguas puedan encontrar su camino de vuelta a casa.

9 Un retorno muy esperado

En Mayantuyacu la selva bulle de vida. Murciélagos salen de sus nichos llenando la noche con sus chillidos fantasmales. Ranas e insectos entonan sus canciones, mientras aves nocturnas les brindan el acompañamiento. Y destacándose entre las mil voces de este coro nocturno: el fragor del río, dejando sin duda quién es el protagonista de esta ópera.

De pronto, el ruido de un generador eléctrico, mecánico e inesperado, interrumpe al coro nocturno, sobreponiéndose a los sonidos orgánicos. Las bombillas titilan en la maloca —gran casa comunal amazónica— que se encuentra en el centro de la comunidad de Mayantuyacu, y al prenderse le roban la oscuridad a la noche.

Estamos en julio del 2012 y he regresado después de ocho meses llenos de retos en Dallas. Varios miembros de mi comité doctoral consideraban mis investigaciones sobre el Río Hirviente como una distracción. «Lograr entender a este río es un estudio que puede tomar años —me dijo un miembro del comité— y como ya has avanzado tanto con el mapa geotérmico, me parece que estás perjudicando lo que ya has avanzado.» Tenía razón, pero igual yo tenía que estudiar al río. Afortunadamente, el presidente de mi comité me dio el permiso de «cometer mis propios errores», lo cual se lo agradeceré siempre, y obtuve de mi universidad el permiso que necesitaba. Pero incluso con el permiso oficial de mi comité, organizar la salida de campo resultó una dura batalla ya que estaba corto de tiempo y dinero. A pesar de todo, el viaje se hizo... de ahorros, puntos de viajero frecuente y amigos dispuestos a dedicarme sus vacaciones..., pero se hizo.

Después de un día largo de viaje, nuestro ecléctico equipo de investigación, compuesto por ocho voluntarios, se sienta en círculo en las tablas del piso de la maloca. Entre nosotros hay dos geocientíficos, un cineasta, un estudiante de arquitectura, un desarrollador de videojuegos, un adiestrador de aves, una publicista y una profesora de escuela primaria. Nadie más de mi equipo había estado en la Amazonía antes y yo gozaba al ver el entusiasmo de cada uno.

—¡Este lugar es mágico! —exclama mi esposa, Sofía, una publicista.

Mi primo, Poncho, el desarrollador de videojuegos, está de acuerdo.

—Las fotografías eran increíbles, pero verlo en realidad... ¡no tiene comparación!

—Siento que estoy en el escenario de una película de Hollywood. —añade Carlos, que trabaja en un centro de rehabilitación de aves.

—¡Sí! He estudiado otras manifestaciones geotérmicas en muchas partes del mundo —interviene María, la otra geocientífica del grupo—, y todavía no puedo creer el tamaño de este río.

—Yo no puedo creer que el chamán tenga página web —agrega Peter, el cineasta—; ahora solo falta que abra un Facebook.

—Pues yo todavía no puedo creer que lo único que los amazónicos pidieron que les traigamos de Lima sea una caja de donuts —apostilla Basil, estudiante de arquitectura y hermano menor de Peter.

—Gracias por invitarnos —me agradece Whitney, la profesora de escuela primaria.

Mientras conversamos animadamente, recuerdo que Brunswick comentó que solo prenden el generador por dos horas cada noche y reclamo la atención al grupo para empezar nuestra reunión.

—Pasaremos el próximo mes realizando estudios de campo para intentar comprender cómo puede existir el Río Hirviente, o casi hirviente, a más de setecientos kilómetros del centro volcánico activo más cercano. Tenemos tres hipótesis principales. La primera es que el río esté vinculado a un sistema magmático, pero como esta área ha sido bien estudiada geológicamente y nunca se ha identificado ningún cuerpo magmático en esta zona, creo que podemos descartarla. Además, los análisis de las muestras de agua que tomé el año pasado indican que las aguas del río son meteóricas, es decir, que tienen la misma composición química que las aguas de lluvia. Como tomé esas muestras en la época de lluvias, existe la posibilidad de que las lluvias hayan afectado a los resultados. Es justo por esto que estamos aquí en la época seca, para muestrear las aguas geotérmicas más «puras» que podamos conseguir.

»La segunda hipótesis es que el río es el resultado de un sistema hidrotermal en el que aguas superficiales entran a la Tierra, se calientan y vuelven a salir a la superficie por algún factor geológico. Es un fenómeno común, pero generalmente resulta en pequeños manantiales, no grandes ríos calientes y caudalosos.

»Falta más estudio para entenderlo bien, pero lo que queda claro es que el Río Hirviente está entre las manifestaciones geotérmicas más grandes del mundo; y entenderlo nos puede dar resultados que impacten a todo el que viva en la Amazonía.

El equipo me mira con una expresión confusa, excepto María, que sonríe y asiente. Sabe adónde quiero llegar con esto.

—Este lugar es sagrado y nunca debería explotarse —expreso firmemente—. Pero merece la pena considerar que los mismos procesos que crean al Río Hirviente también pueden estar generando otros sistemas geotérmicos, enterrados o que no afloran, en otras partes de la Amazonía. Si estos sistemas se pueden utilizar para generar energía geotérmica, habremos encontrado una fuente sostenible de energía limpia que no solo le presentaría a ciudades amazónicas como Pucallpa oportunidades de desarrollo «verde» y empleo, sino también una oportunidad importante para reducir su huella ecológica. Repito que el Río

Andrés, Sofía, Peter, Whitney, María, Basil, Carlos y Poncho. La gran poza que tenemos a nuestras espaldas está a una temperatura de 60 ºC.

Hirviente nunca debería explotarse, pero comprender cómo funciona puede, idealmente, ayudarnos a legar a esta zona la posibilidad de un balance entre el desarrollo económico y la conservación.

Miro a los alrededores para asegurar que ningún lugareño esté presente y bajo la voz:

—Ahora llego a la tercera hipótesis. Existe la posibilidad de que este río no sea natural, y que más bien sea específicamente la consecuencia de un accidente en un campo petrolero.

—Pero... ¿las leyendas? —pregunta Whitney.

—Podrían haberse creado después —conjeturo—. Lo he visto en otras partes del Perú y el mundo: un accidente crea algún fenómeno geológico, y al descubrirlo los lugareños le atribuyen algún significado especial. Esta zona ha sido estudiada, explotada y desarrollada durante los últimos ochenta años, y de todos los estudios que he consultado ninguno menciona a este gran río caliente. No me parece contundente que un hito tan prominente de esta zona no haya sido percibido antes... No me lo explico. ¿Por qué no lo identificaron antes?

»Hay un estudio del año 1933 que nos podría dar la respuesta —continúo—, pero aún no lo he encontrado. Fue el primer estudio geológico que se hizo en esta zona y fue lo que trajo el desarrollo petrolero. En teoría, debería identificar el río.

»También cabe señalar —digo— que he estado intentando contactarme con Maple Gas, la compañía petrolera que explotaba esta región, pero sin éxito... Así que realizaremos nuestros trabajos aquí en Mayantuyacu para estudiar al río en detalle. Tomaremos muestras de agua y registraremos las temperaturas del río de origen a fin. Por desgracia, las imágenes satelitales de Google Earth para esta zona son de tan baja resolución que realmente no nos sirven para el estudio detallado que vamos a realizar: nos toca mapear a la antigua. Hace poco solicité el apoyo de Google para ver si conseguíamos imágenes con mayor resolución: ojalá acepten. Para cerrar esta reunión, solo falta añadir que el Maestro Juan y Sandra están en Pucallpa y vendrán dentro de tres días con un numeroso grupo de turistas. ¿Alguna pregunta, comentario, preocupación...?

—Solo un comentario —dice Carlos—. Me acabo de dar cuenta de que nunca en mi vida he estado tan lejos de una porción de pizza.

El generador se apaga, la oscuridad reconquista la noche y el coro nocturno vocea en lo que parece un canto de victoria sobre el enemigo metálico extinguido. Sofía y yo nos encontramos en la cama en nuestro tambo a un extremo de la comunidad, ajusto el mosquitero que cubre nuestra cama.

—No entiendo por qué te han picado tanto los zancudos —me comenta—. Todos estamos usando el mismo repelente...

—No sé, amor —le respondo—. Hay muchas cosas de este lugar que no entiendo. Brunswick me comentó que casi no vienen peruanos aquí, dice que casi todos los turistas son extranjeros. Revisé el libro de visitas y es verdad: ¡vienen de todas las partes del mundo! No entiendo cómo nadie se ha interesado en investigar por qué existe este enorme río térmico en medio de la selva.

—Andrés —contesta con cariño—, tú eres un científico geotérmico. Por tu naturaleza estos fenómenos te llaman la atención. Los «turistas» que vienen aquí son pacientes que vienen a curarse de sus propios males. Adentrarse a las profundidades de la Amazonía ya es bastante abrumador... y aún más si vienes de una gran ciudad de un país desarrollado. Hay tanto que asimilar que es fácil quedar saturado. Estoy segura de que todos ven al río como algo especial y poco común, pero la realidad es que *todo* en este lugar parece especial y poco común. Además, como el mundo está tan avanzado y hay tanta información por digerir, nos deja la impresión de que todo ya está explorado y entendido, especialmente si no eres un experto.

—Tienes toda la razón —contesto—. Es imposible saber lo que no sabemos... no hay que pedirle peras al olmo. Pero cómo quisiera que las personas cuestionaran más, que siguieran su curiosidad... eso cambiaría al mundo.

—Y por esto tenemos a científicos como tú —responde Sofía entre bostezos.

Quedo mirando la oscuridad, pensando en los quehaceres de mañana y en todo lo que nos espera por descubrir. Me siento invadido por una súbita alegría al pensar que, después de todo, se cumplió este retorno al río que tanto esperaba. No logro contener mi emoción y le digo a Sofía:

—A veces me parece que todo esto salió de un sueño. No puedo creer que estemos aquí y me siento tan honrado de que el Maestro me deje estudiar el río...

Pero Sofía ya se ha dormido y la única respuesta que recibo es el siempre presente fragor del río.

10 La ceremonia

Pasamos los tres primeros días realizando trabajos de reconocimiento, calibrando equipos y haciendo pruebas de campo para asegurar que nuestros instrumentos y metodologías nos brinden la mayor información posible. Tal como prometieron, el Maestro y Sandra volvieron a Mayantuyacu después de tres días, acompañados por veinte pacientes extranjeros. Esa tarde me encuentro con el Maestro machacando plantas para hacer medicinas tradicionales.

—Seguimos el río hasta que pasó a ser un riachuelo frío —le informo— y entramos a la selva. Al final llegamos a una poza grande con una catarata alta. Tratamos de pasarla pero no pudimos: la selva es demasiado frondosa.

—Luis los puede llevar —contesta el Maestro—. Es quien mejor conoce la selva.

—¡Fantástico! —le respondo—. Un buen guía es justo lo que más necesitamos. Los mapas de la zona no son precisos y por desgracia nuestros GPS también han resultado casi inútiles por la topografía accidentada y la vegetación densa. Pero creo que tengo una solución.

—¿Qué vas a hacer? —pregunta el Maestro enfocado en su machaqueo.

—Voy a atar a Poncho y Carlos con una cuerda de diez metros —le cuento—. Empezando desde el punto más alto del río al que podamos llegar, vamos a medir la temperatura de las aguas cada diez metros hasta que cubramos todo su recorrido.

Al escuchar esto el Maestro erupciona en una risa tan fuerte que tuvo que dejar sus plantas. Se ve que disfruta de reírse. Ya saliendo de su episodio hilarante empieza a inspeccionar mis piernas.

—Te han picado bastante —dice apuntando a mis picaduras.

Me miro los brazos y piernas y asiento:

—¿Bastante? ¡Estos desgraciados me están devorando vivo! Después de contar setenta y seis piquetes en solo una pierna, me di por vencido... —El Maestro vuelve a disfrutar de una risa sabrosa—. Hablando en serio, no entiendo por qué me están picando tanto. Todos estamos usando el mismo repelente, pero soy el único que ha terminado así.

—No me sorprende —murmura el Maestro. Le doy una mirada confusa—. La selva se está protegiendo.

—¿Protegiendo? ¿De qué?

—De ti.

—¿De mí? ¿Y el resto de mi grupo?

—No —responde—. Ellos no son una amenaza. Tú sí. Los espíritus de la selva nos ven por dentro. Desde que llegaste, te han vigilado. Te ven adentro: tu mente, tu conocimiento. Gente con tu conocimiento ha llegado a esta selva antes y le hicieron daño.

El estudio de 1933 de Moran y su equipo entra a mi cabeza. Aunque no lo he leído, sé que abrió el paso a la explotación petrolera en la Amazonía peruana.

—Pero María también es geocientífica.

—No tiene raíces aquí. No es una amenaza.

Respiro profundo y, luego, pregunto:

—¿Qué tengo que hacer para dejar esto bien?

—La selva tiene que ver tu alma —dice el Maestro serenamente—. Después, mirando al río, añade—: El río te ha llamado por una razón, una razón que se revelará con el tiempo. Yo antes no entendía qué propósito tenía el río para ti. Ahora, es la selva quien no lo entiende. Todos tememos a lo que no entendemos. —El Maestro me ve con una sonrisa y añade—: Así es. No te preocupes, esta noche te presentamos a la selva.

Cae la noche y me encuentro en el umbral de la maloca, respetuosamente me quito los zapatos antes de entrar. No sé lo que me espera adentro y estoy un poco nervioso; pero un dulce aroma familiar me tranquiliza al instante: palo santo. Este es el olor de mi casa. Mi padre perfuma nuestra casa con este incienso antes de rezar y el aroma me transporta. Recuerdo a mis padres y entro a la maloca con una sonrisa.

El recinto está cargado del humo espeso del palo santo. Hay un silencio ceremonioso que se separa del sonido del río. Brunswick y el Maestro están ataviados con sus *kushmas* ceremoniales, los alargados ponchos asháninca con franjas verticales de color azul, rojo y verde, y unos tocados adornados con plumas de cola de guacamayo.

Brunswick sostiene un cuenco de palo santo ardiente cuya luz rojiza delinea las figuras en las tinieblas. En una mano el Maestro lleva una delgada botella verde de cuello largo; en la otra, lleva encendido un cigarrillo amazónico llamado *mapacho*, hecho de potente tabaco silvestre.

Se apagan las últimas linternas. La oscuridad intensifica el fulgor rojo de la lumbre del palo santo y del mapacho encendido que iluminan los rostros del chamán y de su aprendiz mientras preparan la sala para la ceremonia.

Brunswick se acerca con el cuenco de incienso y me indica que me arrodille. Con un soplo fuerte apaga las llamas y con su mano libre me indica que ahueque las manos para atrapar el humo aromático para luego dispersarlo sobre mi ser. Este baño de humo resulta ser inesperadamente agradable y disfruto observar en la luz rojiza a los humos quedar atrapados por breves instantes entre los pliegues de mi ropa antes de disiparse en la noche.

El Maestro Juan viene de una larga
línea de curanderos asháninca. Usa
los conocimientos de sus abuelos
para cumplir su misión de curar a la
humanidad, empleando las aguas
geotérmicas del Río Hirviente y
plantas medicinales.

La voz del Maestro corta el silencio con un canto rítmico y evocador que parece tan antiguo como la misma selva. ¡Es un icaro! Guida y Eo me han contado de estos conjuros de los amazónicos. Se usan para sanar o guiar, invocar o transformar, atacar o defender; y aquí en la oscuridad, los oigo cantados por un experto.

A veces canta con palabras, y a veces solo con melodías. A veces es en español y a veces en lenguas amazónicas que desconozco. Pero sea cual sea el formato, cada icaro me parece evocar los ritmos y sonidos de la selva. A medida que canta, los icaros van cambiando sutilmente hasta que empiezan a desvanecerse y acaban con un fuerte silbido exhalado, designado como el «*soplado del icaro*».

El Maestro cierra un icaro con un *soplado*, cediéndole la palabra al río que llena el silencio con su propio icaro. La noche está tan oscura que cuando el Maestro enciende otro mapacho, siento cada chispa de su encendedor como si fuera un relámpago.

Pronto oigo la voz de Brunswick nacer de la oscuridad con un icaro religioso de Jesús apareciendo entre las nubes. Las palabras son españolas, pero el ritmo es inequívocamente amazónico: una mezcla fascinante de espiritualidad católica y amazónica.

El Maestro se me acerca y me indica que ponga mis manos en posición de rezo. Agarrando mis manos con la suya, le da una calada al mapacho y con fuertes silbidos exhala el humo en ellas. Lo repite en mis manos y luego en la coronilla de mi cabeza antes de volver a su asiento.

El icaro de Brunswick empieza a desvanecerse hasta cerrar con su *soplado*. Después de una breve pausa, el Maestro empieza otro icaro, que canta en español, pero entreverado con palabras indígenas. Lo oigo invocar a los espíritus del agua y del vapor, de la selva y las plantas, y por último a Dios y a sus ángeles.

Cuando le canta a las aguas su tono es cálido y familiar, como si estuviera hablándole a un familiar querido. Cuando le canta a Dios, siento una profunda veneración. Pero cuando le canta a la selva y a las plantas me parece que está intentando convencerlas de algo; como si estuviera abogando por mí.

El Maestro le canta a los árboles importantes, siendo el primero de ellos el Came Renaco. Les canta el nombre, y luego alabándolos por sus poderosas medicinas, le canta una melodía específica a cada árbol: como para mostrarles a los árboles guardianes que él conoce a cada uno íntimamente. Finalmente, cierra cada melodía repitiendo el nombre del árbol específico y cantando «*llora, llora, llora como yo*», como para afirmarles que reconoce a sus espíritus como una vida igual que la suya.

Cierra su ícaro con un fuerte *soplado* y pronto vuelve a aparecer frente a mí con la botella verde y me vierte unas gotas de un perfume floral y delicado. Me indica que vuelva a colocar las manos en posición de rezo, y él las vuelve a tomar en su mano. Acerca su boca a la botella y aspira el perfume floral antes de espirarlo con fuertes silbidos exhalados en mis manos, mis dos hombros y en mi coronilla. Da un paso atrás y logro distinguir su rostro sonriente por el fulgor de las ascuas.

—Ven a verme mañana por la mañana —dice en voz baja—, hay un lugar donde debo llevarte.

11 Espíritus de la selva

Los primeros rayos de sol se deslizan por la selva, haciendo brillar el rocío aperlado que cubre el follaje. El sol tropical sube rápido, y pronto el último aliento de la noche desaparece, convirtiendo la madrugada en mañana.

Estoy en la maloca cuando oigo la voz del Maestro:

—¿Listo? —me dice con una sonrisa.

Asiento y empezamos el camino río arriba acompañado por Brunswick, cada quien con su machete.

—¿Te han vuelto a picar? —me pregunta mientras caminamos.

Inspecciono mis brazos y piernas y le respondo:

—Parece que no, pero tengo tantos piquetes que de repente ya no sé distinguir a los nuevos de los viejos.

El Maestro se ríe:

—Ya no te van a molestar. El trabajo se hizo bien anoche. El río ya te bautizó con su vapor, y ayer te bautizamos con las plantas. La selva ya ha entendido que no eres una amenaza: que has llegado a ayudar.

Sigo inspeccionando mi cuerpo. Sé que no me he echado repelente desde que me bañé antes de la ceremonia, y efectivamente parece que no tengo picaduras nuevas. El Maestro percibe mi incredulidad.

—Maestro, ¿cómo sabes esto? —le pregunto.

Sus ojos brillan y me responde:

—Tú tienes tu ciencia, yo tengo la mía.

Considero las palabras del Maestro mientras caminamos: *bautizado con vapor y plantas*. Una imagen me viene a la mente de los vapores del río mezclándose en remolinos con los humos del mapacho, el incienso del palo santo, y el espray del perfume. Conecto los puntos: el palo santo es una madera, el tabaco es una hoja y el perfume está hecho con flores. Cada uno representa una parte principal de la planta.

Paramos nuestra marcha en un punto cualquiera del camino. Aún escuchamos el caudal del río, pero la densa vegetación a cada lado del angosto sendero nos impide una vista más allá de las hojas. Brunswick y el Maestro empiezan a abrir un camino a machetazos por la pendiente inclinada hacia el río. Avanzamos paulatinamente, hasta llegar a una ribera de piedra.

Aquí el río, con sus aguas turquesas y hermosamente cristalinas, tiene unos siete metros de ancho y dos de profundo. Su caudal es regular y constante y el fragor que río abajo domina los sonidos de la selva ha sido remplazado por el sonido de varios chorritos y goteros. Al investigar los sonidos, me encuentro con algo inesperado: un sitio escondido entre hojas y vapores con varios pequeños manantiales térmicos decorados con depósitos de minerales hidrotermales que llevan formas fantásticas, a veces pareciendo entrañas, y a veces corales marinos. De cada manantial nace un pequeño chorro de agua que busca el río. Donde estas aguas cruzan las piedras color marfil de la ribera, observo manchas rojizas, que parecen oxidación. Es un paraíso para un científico geotérmico.

—Estas son las Aguas Sagradas, aquí viven espíritus poderosos —dice el Maestro—. Son aguas puras y muy calientes. Ten mucho cuidado con dónde pisas. Usa tus pies como ojos, siente la energía de la selva y no te vas a quemar.

Investigo los manantiales y minerales hidrotermales mientras el Maestro y Brunswick empiezan a abrir otro senderito por el borde del humeante río. Pasan unos quince minutos y oigo al Maestro llamándome. Solo están a unos siete metros río abajo, pero aparecen como meras siluetas por el espeso vapor.

Sigo el nuevo sendero con inquietud. El camino precario está justo al borde del río. Un paso mal puesto pudiera tener consecuencias fatales. Avanzo con un pie delante del otro, sobre tramos lodosos, o aún cubiertos de la resbalosa vegetación recién cortada. El calor se ha vuelto opresivo y ocasionales brisas me dejan envuelto de nubes de vapor que me dejan sin ver dónde poner el próximo paso.

No hay margen para error. Gotas gordas de sudor caen de mi frente. Cada respiración es lenta y profunda, y cada paso firme y calculado. No me fijo en nada más que caminar, y finalmente llego donde el Maestro y Brunswick.

El calor está sofocante. Otra brisa fresca levanta una nube blanca que nos deja sin ver; y en ese momento mis oídos se enfocan en un sonido particular, profundo y globuloso: el sonido de ebullición.

Veo hacia el río por el aire húmedo y espeso, y logro distinguir una masa de agua agitada, burbujeando violentamente a menos de un paso de donde estoy parado. Quedo estupefacto.

—Esta es «La Bomba» —me informa el Maestro—. Hay que tener muchísimo cuidado aquí.

Su advertencia es innecesaria. El calor es mucho más intenso que en cualquier otro lugar del río que he experimentado: está casi insoportable. A pesar de ser un día caluroso, el río bota nubes que a veces nos azotan con vapores tan calientes que nos obligan a cerrar los ojos para protegerlos del aire abrasador.

En momentos despejados, estudio cada centímetro de La Bomba y su entorno. En La Bomba burbujas agitan las aguas con violencia, y oteando el resto del río, observo que la superficie de las aguas se rompe como si estuviera cayendo lluvia. Pero no son gotas de arriba que agitan las aguas, ¡son burbujas de abajo! No esperaba encontrarme con esto y menos estando en esta posición tan precaria.

Caer a estas aguas fácilmente significaría quemaduras de tercer grado instantáneas, y no sería nada fácil escapar de la corriente. Tomar un mal paso no es una opción y no puedo distraerme ni un segundo, cada movimiento se tiene que hacer con intención.

Sé que no dispongo de mucho tiempo aquí, y procuro entender lo que estoy viendo. Sigo el rastro de los alineamientos en las piedras y descubro el origen de las burbujas: ¡provienen de las fallas! Las fallas geológicas a menudo sirven como las «arterias» de la Tierra, ya que permiten el flujo de aguas subterráneas por el subsuelo; y esto parece ser exactamente lo que ocurre aquí: aguas geotérmicas están aflorando a través de fallas para aumentar el caudal y la temperatura del río.

¿No se suponía que esto era una leyenda? ¿Una exageración? Me vuelvo a fijar en las aguas, sufriendo por no haber traído mi termómetro. ¿Será que realmente hierve el río? ¿De repente no es ebullición, y solo son gases inodoros e incoloros? A pesar de la emoción de encontrarme frente a las burbujeantes aguas del Río Hirviente, todavía necesito datos rigurosos para confirmar que realmente es digno de ese nombre.

En eso escucho una voz en mi cabeza: «Oye, Andrés, si fueras un conquistador perdido en la selva, atemorizado y sin termómetro, sabes exactamente lo que llamarías a esto: un río hirviente».

Suelto una sonrisa de pura satisfacción e inhalo profundo disfrutando del aire ardiente que pasa por mi nariz y llena mis pulmones. Sí, me falta la prueba cuantitativa, pero en este momento mi mente científica cede ante una intuición poderosa: a veces las leyendas cobran vida.

El burbujeo de las aguas me tiene hipnotizado y siento que podría pasar horas en este lugar a pesar del calor asfixiante. Pronto capto las indirectas educadas de Brunswick y el Maestro que estaban listos para irse. Uno por uno, recorremos el estrecho sendero al borde del río con sumo cuidado hasta llegar a la ribera de piedra. Ya ahí le agradezco profusamente al Maestro por haberme mostrado las Aguas Sagradas y La Bomba.

—Pero hay algo que no comprendo —le digo—. Si esta parte del río es tan especial, ¿por qué no había caminos?

El Maestro sonríe como un profesor que acaba de escuchar la pregunta que estaba esperando.

—Los ocultamos para protegerlo —me explica—. Este río es sagrado. En las iglesias, el humo del incienso y las velas transportan los rezos de los creyentes a Dios. Aquí, es el vapor del río que transporta los rezos de los animales, de las plantas, de las rocas y de toda la creación. Es una iglesia natural. En los tiempos de los abuelos, casi nadie venía aquí. La gente tenía miedo de los espíritus del río y solo se acercaban los curanderos más poderosos. Los abuelos sentían un profundo respeto por este río. Pero los tiempos han cambiado. La Gran Civilización ha traído su progreso a la selva, y ahora solo unos pocos viejos recuerdan su nombre legítimo: *Shanay-timpishka* (Hervido por el calor del sol). Es fácil dejarse llevar por lo moderno y olvidar lo antiguo. Casi me pasó a mí, pero el río me llamó con más fuerza.

—¿Qué ocurrió? —pregunto.

—Caminando en la selva caí en la trampa de un cazador y me dispararon. El médico del hospital me dijo que nunca más volvería a caminar. Todavía tengo las cicatrices.

Señala sus piernas y sus pies, y entonces comprendo por qué el Maestro siempre lleva calcetines o pantalones largos para cubrirse las piernas.

—Pero caminas sin problemas —le digo sorprendido—. ¿Cómo te curaste?

—Sandra —responde con una sonrisa—. Era mi enfermera en el hospital y me dijo: «Si eres tan buen chamán, ¿por qué no te curas a ti mismo?» Me empujó a ser mejor que yo mismo. Y tenía razón. Con la ayuda de algunos amigos y de unas muletas, salí del hospital y vine a este lugar, guiado por las historias de los abuelos que hablan del río, sus poderosos espíritus y fuertes medicinas. El Came Renaco me dio su medicina y, junto con el vapor del río, mis huesos y músculos empezaron a curarse. Me dijeron que nunca volvería a caminar, pero demostré que la medicina antigua todavía tiene su lugar. La Gran Civilización menosprecia mucho la fuerza de las plantas, e incluso la olvidan nuestros jóvenes. Por esta razón fundamos Mayantuyacu: para que no se pierda la antigua sabiduría de las plantas.

Esa misma tarde me siento bajo el Came Renaco, contemplando las aguas del río.

—Hervido por el calor del sol —susurro, pensando en los antiguos amazónicos que le dieron este nombre—. No soy el primero en preguntarse por qué hierve.

Los antiguos amazónicos tenían la creencia de que el sol calentaba estas aguas. Ahora, sus descendientes creen que es volcánico. Pero, hasta el momento, los datos que he obtenido sugieren que es un potente sistema hidrotermal no volcánico. Quizá un día, mi «avanzada» explicación científica del río parecerá tan limitada como la explicación de que el sol lo haya hervido.

Un pensamiento negativo me cruza la mente: «Aún no he descartado la hipótesis del accidente petrolero... Por más encantadoras que sean, sé que las tradiciones orales no se consideran una documentación científica precisa. Me urge encontrar ese estudio de 1933... Ojalá que el río esté documentado».

Este río y su gente se han vuelto importantes para mí. *Siento* que es un lugar especial, pero ¿lo confirmarán los datos?

Me paso la mano por los brazos y las piernas: no tengo picaduras nuevas. Quizá no me estoy fijando bien o quizá algún elemento químico del perfume sirve como repelente natural. No lo sé, pero tiene que haber una explicación científica. No obstante, algo queda claro: algo ha cambiado desde la ceremonia.

Vuelvo a contemplar el río, intentando comprender este limbo en el que me encuentro: un lugar donde la ciencia y la espiritualidad parecen coexistir en armonía...

Pronto nuestro mes en la selva llega a su fin y la noche antes de partir me encuentro sentado con el Maestro para despedirme. Él fuma su mapacho recostado en su hamaca, mientras le muestro el gráfico de los registros de temperatura que hemos tomado a lo largo del río.

—Empezamos los registros río arriba en las aguas frías, hasta donde pudimos llegar. Hubiera querido haber empezado en el verdadero nacimiento del arroyo, pero Luis no quería ir... dijo que hay unos duendes malvados que se te aparecen tomando la forma de un pariente o ser querido, antes de raptarte y convertirte en un demonio de la selva.

—*Shapishicos* —ríe el Maestro—. Son desagradables. Mejor que no hayan ido.

Sonrío, pensando en cómo mi comité doctoral tomará esta explicación y regresamos al gráfico:

—El río comienza frío, luego se calienta, se enfría, se calienta de nuevo, se enfría un poco, luego se calienta hasta llegar a su temperatura máxima y finalmente se va enfriando poco a poco hasta chocar con el Pachitea. La data nos dice que hay varias zonas de inyección, donde las aguas geotérmicas brotan de fallas y aumentan la temperatura y el caudal del río. Tengo la esperanza de que podremos juntar estos datos con los análisis químicos de cada zona de inyección, y así poder distinguir qué acuíferos geotérmicos alimentan cada zona. Como ves, hay chamba por hacer.

Nos reímos y en eso el Maestro señala los picos de temperatura en el gráfico.

—Nunca había visto las pozas de la Yacumana y el Sumiruna, y las Aguas Sagradas así. Está muy bien el trabajo. Muy importante. Gracias.

Estoy eufórico. Tanto por el agradecimiento del Maestro como por el hecho de que los lugares que son científicamente importantes para mí tienen un profundo significado espiritual para el Maestro.

—Quisiera mostrarte una cosita más antes de irme —le digo al Maestro—. Encontré esto en la selva.

Saco un fósil de mi mochila: un par de ostras que al fosilizarse quedaron unidas naturalmente en forma de corazón.

—Un encanto —dice el Maestro—. Nunca he visto uno así. —Lo contempla, y devolviéndomelo, agrega suavemente—: La selva te ha dado su corazón. Cuídalo bien.

Las burbujeantes Aguas Sagradas. Fallas geológicas sirven como «arterias» de la Tierra, permitiendo que las aguas geotérmicas broten en la superficie para crear el Río Hirviente.

12 La prueba definitiva

«...Perturbadora a primera vista...»

R. G. Greene, colega de Robert B. Moran y Douglas Fyfe,
sobre el Río Hirviente, a principios de la década de 1930.
Documentos Moran, 1936.

Estamos en febrero del 2013 y me encuentro en mi universidad en Texas, analizando las muestras del Río Hirviente en un laboratorio frío y sin ventanas. Han pasado seis meses desde que me fui de la Amazonía, pero la visito a menudo en mis ensueños. El Maestro me dijo que la selva me había dado «su corazón», y me parece evidente que yo también le dejé el mío.

Ahora puedo comprobar que el Río Hirviente no es una leyenda. Sé que fluye caliente por más de seis kilómetros, que su punto más profundo llega a más de cuatro metros, y que en su punto más ancho llega a casi veinticinco metros. He documentado sus grandes pozas termales, rápidos calientes, cascadas vaporosas y manantiales ardientes, y la data indica que, aunque existe a más de setecientos kilómetros del centro volcánico activo más cercano, es un sistema geotérmico no volcánico. He avanzado mucho con los estudios, pero aún faltan respuestas...

Todavía existe la inquietante posibilidad de que el río sea el producto de un accidente petrolero. Y aún no puedo explicar: ¿cómo semejante río ha pasado desapercibido en una zona geológicamente bien estudiada?, o ¿cómo este río sagrado nunca fue designado como un hito cultural oficial, particularmente con todos los turistas que recibe? Aunque el Maestro y otros miembros mayores de la comunidad insisten en que el río ha existido «desde antes de los tiempos de los abuelos», esta evidencia oral no basta para un estudio científico.

Necesito respuestas y sé bien que solo hay un documento que puede brindarme la información que necesito: el estudio de Moran y Fyfe de 1933. Aún no lo he encontrado, y la posibilidad de que nunca aparezca se cierne sobre mí como una pesadilla. Sin mucha esperanza tecleo por enésima vez «Moran y Fyfe» en el buscador.

Casi me caigo de la silla. ¡Hay un hit: «Guía a los documentos de Robert B. y William R. Moran»! Hago clic y termino en el desglose de los Documentos Moran, una colección de informes, escritos, fotografías y otros documentos que pertenecían a Robert B. Moran. Después de dos años de búsqueda, aquí está: una pista del elusivo informe. Por desgracia, ni el informe, ni los otros archivos de los Documentos Moran están en línea; están almacenados en la Biblioteca de Colecciones Especiales de la Universidad de California, Santa Bárbara (UCSB), y para accederlos necesito un permiso legal del Fondo Moran.

Inmediatamente llamo a la biblioteca. Mi entusiasmo es tanto que el cordial «¿Hola?» del bibliotecario basta para desencadenar mi relato de la búsqueda del estudio Moran y el tremendo alivio de saber que estoy a un paso de encontrarlo finalmente. El otro lado del teléfono mantiene silencio y me doy cuenta de que el pobre bibliotecario no estaba preparado para tan conmovida declaración... Respiro profundo, y un poco avergonzado comienzo:

—Disculpe el entusiasmo señor y buenas tardes. Me llamo Andrés Ruzo, soy un estudiante doctoral de geofísica y estoy llamando para ver cómo obtengo acceso a los Documentos Moran para avanzar con mis estudios.

Hay otra pausa y luego me responde:

—Para estos documentos debe contactar al abogado del Fondo Moran...

Pasan diez largos días antes de que reciba mi permiso oficial del abogado, y en poco tiempo estoy en un avión rumbo a Santa Bárbara.

—Esta es la sala de investigación —me indica una amable anciana bibliotecaria mientras me guía por una sala rectangular en la Biblioteca de Colecciones Especiales—. Los documentos *no pueden* salir de esta sala, y tampoco es permitido beber o comer aquí. Escoja su mesa y le traeré las cajas de archivos de los Documentos Moran. —Antes de irse, añade—: Oh, y por favor, guarde silencio.

Como geocientífico, este tipo de «trabajo de archivo» no es muy común. Las veces que lo he realizado ha sido en bibliotecas de rocas, donde se guardan las muestras de piedras y materias terrestres utilizadas en pasados estudios científicos. Casi todas estas bibliotecas donde he trabajado están en edificios que pudieran pasar por almacenes abandonados. Es común que estén mal iluminadas y tan cubiertas de polvo que sales de ellas con la necesidad imperiosa de una ducha. Comparada a las bibliotecas de rocas, esta sala de investigación de archivos es un lujo.

La sala está inmaculada, bien iluminada y sin una motita de polvo. Sus colores neutros aumentan el sentido de silencio y calma; y las filas tras filas de tiradores y etiquetas perfectamente alineados en los antiguos catálogos de biblioteca, que se extienden por toda la pared trasera, dan la impresión de un orden absoluto. Sobre los altos catálogos, unos bustos taciturnos dan el ejemplo del volumen que se debe emplear en esta sala. En una esquina veo un antiguo gramófono vigilado por una figura de cerámica de tamaño natural de un terrier de Jack Russel, también intentando guardar el silencio.

Grandes ventanales forman las otras paredes de la sala, dando la sensación de estar en una gran pecera. Me hace gracia pensar que mientras el investigador estudia los archivos es a su vez estudiado por bibliotecarios vigilantes. Diez mesas llenan el cuarto, cada una con solo una silla: otro sutil recordatorio de que aquí se trabaja solo y en silencio.

Escojo mi mesa justo cuando aparece la bibliotecaria con un carrito metálico de varios niveles, cargado de cajas grises de archivos, cada una con un lazo rojo en cada cierre. Me informa que solo puedo entrar en la sala con una caja cada vez. Cuidadosamente entro con la primera caja bajo la mirada escrutadora de la bibliotecaria.

Llegando a mi mesa, reviso meticulosamente cada documento en la caja, con mi cámara de fotos lista para documentar cualquier archivo relacionado al Río Hirviente. No encuentro nada de consecuencia. Guardo los documentos y salgo con la caja para intercambiarla por otra del carrito.

Caja tras caja sucede lo mismo: encuentro documentos de negocios, cartas personales, postales, y hasta carteles de ópera, pero nada relacionado con el río.

Muchas horas y cajas después, llego a la demarcada «Caja 89». Una etiqueta me llama la atención de inmediato: «Agua Caliente, Perú, Informes Geológicos». Quiero dar un salto de alegría, pero la mirada siempre presente de la bibliotecaria al otro lado del ventanal me ayuda a frenar mi entusiasmo. Con sumo cuidado, saco la carpeta de la caja y la abro lentamente. Encuentro un fajo de papeles viejos y amarillentos y los reviso, uno por uno. Hago una pausa para contemplar con satisfacción y alegría incontrolable lo que estaba buscando: ¡el estudio!

Devoro cada palabra de cada hoja arrugada por el tiempo. Aquí y allá, el texto mecanografiado está anotado con una escritura a mano en cursiva de una época pretérita. La ansiedad y la alegría me desbordan: esta caja no solo contiene el estudio de 1933, también un archivo entero de notas e informes que le dan un contexto histórico al estudio.

En mis manos está la historia petrolera del Domo de Agua Caliente... y la prueba de que el Río Hirviente existía antes de este desarrollo.

En las décadas de 1920 y 1930, la Amazonía peruana estaba en la mira de grupos como la Standard Oil de Nueva Jersey y la Rockefeller Foundation, quienes disimuladamente estaban enviando equipos de geólogos a la selva. En esa época, el geólogo Robert B. Moran estaba realizando estudios de reconocimiento aéreo para un proyecto ferroviario, cuando se encontró con la estructura geológica ovalada que ahora conocemos como el Domo de Agua Caliente. Le pareció un lugar ideal para encontrar petróleo y formó un equipo para investigar la zona entre 1930 y 1932. Aunque los Documentos Moran no contienen las notas de campo originales de estos trabajos, sí contienen los informes y reportes recopilados después de estas expediciones.

Moran y su equipo sí documentaron al río. No lo estudiaron en detalle, pero por lo general sus observaciones concuerdan con las mías. Por fin tengo mi prueba. El Maestro tenía razón, el río ha existido desde «antes del tiempo de los abuelos»: es un fenómeno natural que existía antes del desarrollo petrolero. Me recuesto en la silla aliviado y satisfecho, con la mente llena de nuevas preguntas.

Pero mientras sigo leyendo, me doy cuenta de ciertas incongruencias que me dejan desconcertado: a veces describen al río como un fenómeno imponente, y en otras siento que el autor busca minimizarlo como una insustancial curiosidad. Soy consciente de que este equipo estaba buscando petróleo y no estudiar el río, pero algo no encaja... Sigo leyendo y pronto un informe del geólogo R. G. Greene me ayuda a explicar estas incongruencias.

En la industria petrolera es una práctica habitual que inversionistas (quienes muchas veces no tienen conocimiento geológico alguno) contraten a un geólogo como asesor externo para valorar y comprobar los trabajos hechos por la compañía que busca financiamiento. Resulta que Greene era un asesor externo encargado de comprobar el trabajo de Moran y su equipo. En su reporte, donde resume los trabajos hechos en la zona, Greene afirma:

«*La presencia de agua caliente es bastante perturbadora a primera vista, pero después del análisis se llega a la interpretación satisfactoria de que no está asociada con un magma intrusivo, cuya presencia sería naturalmente nociva para el valor prospectivo del anticlinal Agua Caliente*».

El informe de Greene también me deja claro que Moran y su equipo necesitaban fondos para realizar sus proyectos, y sabían muy bien que la presencia de un gran río geotérmico presentaba una amenaza que rápidamente espantaría a inversionistas adversos al riesgo. Los sistemas geotérmicos se consideran una amenaza a los recursos petroleros, ya que suelen «sobrecocinar» a los hidrocarburos en el subsuelo hasta que se «arruinan» y son inutilizables.

Moran y su equipo lograron comprobar que el río no era magmático y que no presentaba ninguna amenaza a los recursos petroleros. Pero presentarle esta explicación a geólogos es una cosa... presentarlo a importantes inversionistas, que no son geólogos, que son adversos al riesgo y que se asustan fácilmente, es un reto totalmente distinto.

Las piezas van cayendo en su lugar. Esta explicación de por qué el río quedó oculto me parece lógica: Moran y sus colegas intencionalmente decidieron no enfocarse en el río para no espantar a posibles inversionistas. La estrategia tuvo recompensa. Recibieron los fondos que necesitaban, formalizaron una concesión petrolera con el Gobierno peruano y en 1938 perforaron exitosamente el primer pozo petrolero de la Amazonía peruana. La «omisión» del río parece haberse pasado de informe a informe y de generación a generación hasta tiempos modernos.

Leer estos informes también me deja claro que en los casi ochenta años que tienen de escritos, las normas y regulaciones legales para trabajar en la Amazonía han cambiado significativamente y para bien. En esa época los intereses del medio ambiente y de los «indios incivilizados» (como un informe los nombra) ni se consideraban... hoy en día esto sería altamente ilegal. Este contraste de normas es gracias al esfuerzo de medioambientalistas que con sus luchas, a través de casi un siglo, han cambiado literalmente el mundo. Esto me da mucha esperanza.

Tomo mi última foto y cierro la última caja de los Documentos Moran. Veo a los estudiantes pasar por los ventanales de mi cubículo-pecera y pienso que ellos tienen esto a la mano, mientras yo tuve que cruzar medio mundo para llegar aquí. Estos documentos, tan valiosos para mí, probablemente no significan nada para ellos. Increíble cómo este mundo se puede ver con perspectivas tan distintas, que están a una pregunta de distancia. Una buena pregunta nos puede cambiar la vida. Nos puede despertar la curiosidad, transformar el significado de nuestro entorno o hasta llevar a nuevos mundos... Solo enunciar una pregunta es un acto de rebeldía contra la ignorancia... De repente los chamanes tienen razón: quizá sí existen las palabras mágicas.

13 La mayor amenaza

Se dice que la investigación científica no se trata de encontrar respuestas, sino de aprender a hacer mejores preguntas. Ha pasado un año desde que me fui de la selva y seis meses desde que finalmente encontré los Documentos Moran y he pasado este tiempo dedicándome justo a esto: formular mejores preguntas. Sé que las necesitaré más que nunca, ya que pasaré esta temporada de campo con los petroleros.

Después de años de solicitudes, finalmente recibí el permiso de Maple Gas para llevar a cabo mis investigaciones en su campo petrolero. Me han dado acceso total a cualquier dato, mapa, muestra y hasta información operacional del día a día del campo. Es un aporte considerable. Además, para la satisfacción de mi comité doctoral, los registros de temperatura que tomaré en los profundos pozos petroleros nos permitirán realizar el primer estudio de flujo de calor de alta calidad en la Amazonía peruana, lo cual representa un avance importante para la creación del mapa geotérmico del Perú.

Salimos de Pucallpa en una camioneta 4 × 4, etiquetada prominentemente con las palabras «MAPLE GAS COMPANY». Por la ventana veo colinas ondulantes, praderas y pastizales donde rumian vacas blancas hasta donde me alcanza la vista.

—Triste, ¿no? —dice José, el geólogo de Maple. José tiene cerca de cuarenta años y ha trabajado en campos petroleros en todo el Perú. Tiene un aire tranquilo y jovial que oculta una autoridad sensata—.

Solo observa el paisaje hasta llegar al campo petrolero: es una catástrofe medioambiental a plena vista y a nadie parece importarle un carajo. Esto debería estar lleno de bosques, no de praderas.

Vuelvo a mirar por la ventana. José tiene razón. ¿Cómo no me había fijado antes? He pasado por este camino cada año desde que primero vine al río, pero no me había percatado del avance de la deforestación. Efectivamente, estas pintorescas tierras de pastos deberían estar cubiertas de selva primordial. Cuando pensaba en «deforestación», me imaginaba un páramo estéril y quemado, lacerado por caminos de tractores, y llenos de barro y tocones de árboles cortados. Examino las

Una vista de la Amazonía postapocalíptica: colinas ondulantes, praderas y vacas rumiando en lo que una vez fue selva virgen.

vistas que pasan por la ventana, y en poco tiempo queda claro que estos pastos nacieron de tal escena imaginada. Siento un nudo en la boca del estómago.

—Gran parte de estos bosques fueron cortados ilegalmente —continúa José— y lo más frustrante es que la gente responsable lo sigue haciendo sin consecuencia alguna. Y mientras esta deforestación avanza, los activistas quedan obsesionados con luchar contra las petroleras. Entiendo por qué, y sin duda hay algunas compañías que lo merecen, pero también existen muchas compañías responsables. Nunca me deja de impresionar cómo a esta gente le fascina odiarnos,

por más buenos que seamos. Juran que nuestro único objetivo es la destrucción total de la naturaleza, y mientras ellos se enfocan en nosotros, la selva sigue desapareciendo.

—Si realmente quieres proteger a esta selva, tienes que entender cómo avanza la deforestación en esta zona —continúa José—. Primero, estamos en una zona con alto índice de pobreza. Segundo, hay buenas rutas de acceso, que abren paso a cualquier explotación de la selva. Finalmente están los mercados locales de los centros poblados de la zona y hasta internacionales, como en la gran ciudad de Pucallpa. Ahí tienes motivo, medio y oportunidad. La depredación no se hace porque sí: siempre hay motivos económicos. Si hay una parcela de selva virgen, primero entran los cazadores furtivos, matan a los animalitos y los venden en algún mercado. Hay mercados negros en Pucallpa donde te venden la piel de un *otorongo* (jaguar) por entre 80 y 100 dólares gringos. ¿Te das cuenta de que cobran en dólares? De ahí cortan los árboles grandes, que dependiendo del tamaño y especie se pueden vender por entre 5.000 y 10.000 dólares. Ellos ya se han avivado y saben que sacar un tronco entero de la selva es tan arriesgado como difícil. Por lo tanto, procesan los troncos en la misma selva, con motosierras para transportarlos en tablas manejables. Lo que no pueden vender como madera, lo venden como leña. Cuando ya han cortado todo lo que se puede vender usan gasolina para prenderle fuego a lo que queda de la selva para convertirlo en pasto.

»Mira ahí —continúa José apuntando a un llano despejado—, fíjate lo que se salvó de las motosierras y las llamas: árboles frutales, para vender frutas; y palmas, para vender las hojas para los techos rústicos. Si tiene valor económico, se protege. ¿Ves ese tronco quemado caído? Hay ciertos árboles que según los lugareños, «se defienden»: botan un serrín irritante. A estos árboles los queman vivos. Finalmente, cuando nacen los pastos en estas tierras, sueltan el ganado. Es raro que siembren algo, ya que la mayoría son invasores, y viven con la amenaza de que las autoridades los van a botar en cualquier momento. Si los botan, solo se van con sus vacas a encontrar la próxima parcela. Ahí está el motivo de la deforestación: dinero... Algunos lo hacen por necesidad, y los entiendo. Si tu opción es cortar un árbol o dejar que tus hijos se mueran de hambre, ¿qué haces? Pero los que hacen más daño son las mafias: traficantes de tierras, madera y animales. Depredar es dinero fácil y terminan con toda la plata del mundo.

»Además —agrega— hay que tomar en cuenta que el Gobierno no tiene una presencia fuerte en muchas zonas rurales... hay leyes, pero nadie que las haga cumplir. También donde hay plata hay corrupción; y hasta hay casos donde los mismos mafiosos se han apoderado del Gobierno. Es un tema muy complicado, y a veces temo que lo único que quedará de selva virgen se encontrará en parques nacionales bien vigilados y en los campos petroleros...

—¿Campos petroleros? —pregunto.

—Estamos obligados a cuidar nuestros campos de esta depredación, verás la diferencia cuando lleguemos al campo petrolero. La industria petrolera ya no es el «Salvaje Oeste» de antes —dice José—; para realizar cualquier desarrollo nos piden varios estudios de impacto, incluyendo social y medioambiental. Tenemos que tomar en cuenta la flora, fauna, agua, aire, suelos y muchos otros factores. Tampoco podemos talar ningún árbol grande sin un permiso especial. No todas las compañías son ejemplares, y muchas se quejan de que estamos sobrerreglamentados, pero la gran mayoría entendemos por qué existen estas normas y operamos conforme a la ley. Además de normas y reglas, estamos estrictamente vigilados en caso de un delito: tanto por el Gobierno como por grupos medioambientalistas. Y esto está bien, hay ciertas exigencias que son necesarias. Existen varias leyes del cuidado del medio ambiente, pero el problema viene al hacer que se cumplan...

»Te lo pongo así —continúa—: si una petrolera se mete en problemas, hay dirección fija donde mandar el juicio. Somos presa fácil. Mientras tanto, si demandan a uno de estos "ganaderos" desaparecen al instante. Esto nos lleva a una pregunta muy válida para cualquier país en desarrollo: ¿cómo formalizamos al informal para realmente traerle una mejor situación de vida, mientras también lo educamos y obligamos a respetar el sistema para que cumpla con las normas del Estado? ¡Hasta la pregunta es complicada! Pero creo que la suerte de lo que queda de la selva depende de la respuesta.

Veo por mi ventana con nuevos ojos: esto *ya es* la Amazonía postapocalíptica. ¿Cómo podemos proteger lo que queda de la selva aquí? Y ¿cómo recuperamos lo que hemos perdido? Sería un sueño ver protegida a toda la Amazonía; pero sé que este es un ideal poco realista. Lo que dice José tiene sentido. Esta es una situación sumamente complicada con muchos actores, intereses y zonas grises. Me impresiona cómo esta perspectiva choca con la historia convencional que siempre escucho de los medios: «bien contra mal», «indígena contra petrolero» y «desarrollo contra conservación». Siempre lo dejan en blanco y negro...

—Tus comentarios me recuerdan a una conversación que tuve con un chamán shipibo de Pucallpa —digo—. Cuando le pregunté qué le parecía la mayor amenaza a la selva, me dio una respuesta que no esperaba. Me dijo que: «La mayor amenaza son los nativos que han olvidado que son nativos: los que han olvidado el respeto tradicional que merece la selva y que solo la utilizan para sus propios intereses egoístas». Me parece que además de temas de formalidad contra informalidad, también estamos ligando con temas de globalización, historia y el deterioro de respetos tradicionales.

—Estoy de acuerdo —dice José—, y esto nos lleva al tema de educación. Lo verás en el campo: parte de nuestra rutina semanal es capacitar a nuestros trabajadores sobre el cuidado del medio ambiente. Además, como el mismo chamán lo dice, la gente busca sus propios intereses... y ahí regresamos al motivo económico detrás de la deforestación.

Es una situación complicada, pero a pesar de todo, algo queda claro: la Amazonía tiene valor. Sea económico, ecológico o cultural, esta selva *vale*. La solución de cómo priorizar estos valores para sacarle el máximo beneficio económico respetando el medio ambiente, tomando en cuenta todos los intereses y antecedentes históricos, aún me elude. Pero con cada nuevo dato, mis preguntas se vuelven más precisas, dándome la esperanza de que voy por buen camino hacia una solución.

—¡Llegamos! Allí está el Domo de Agua Caliente —exclama José, señalando la estructura geológica que aparece como una colina inmensa alzándose sobre el paisaje—. Como ves, gran parte de las tierras a nuestro alrededor han sido deforestadas, de modo que el campo petrolero se ha convertido en un oasis para la vida salvaje en esta zona.

A pesar de estar un poco lejos, el contraste agudo entre las zonas deforestadas y la selva virgen del Domo es claramente visible.

—Estamos en una batalla casi constante contra los cazadores furtivos, madereros y especialmente los sinvergüenzas que incendian la selva —dice José—. Tenemos gaseoductos en estas tierras y estos mafiosos serían capaces de echarles gasolina y prenderlos, para después meternos un juicio y demandar que les paguemos daños.

»Amo esta selva —continúa—. La conozco bien. Llevo muchos años trabajando en ella y me ha dado para educar a mis hijos y ponerles comida en la mesa. Me parte el alma ver cómo está desapareciendo. No dudo que eventualmente deforestaran toda la jungla que hay alrededor del campo petrolero; y temo el día que ya no sea rentable este campo y los inversionistas decidan cerrar la operación. Nuestra selva vive del petróleo: o por lo menos los ingresos del petróleo pagan a nuestros recorredores de campo que sirven de guardabosques. Cuando nos vayamos, no durará mucho...

José no me tuvo que decir cuándo entramos a las tierras petroleras: la misma vegetación nos lo gritaba. Casi instantáneamente pasamos de campos abiertos a selva encerrada, y de sol abrasador a bosque sombrado. Seguimos el camino de tierra, adentrándonos en la selva de Maple, subiendo la pendiente del Domo de Agua Caliente hasta llegar a la base de operaciones en la cumbre.

La base es una colección de edificios de madera en el estilo ecuatorial americano de mediados del siglo XX. Todo está limpio y bien conservado; y grandes carteles por toda la base recuerdan a los trabajadores que deben eliminar sus desechos responsablemente, proteger al medio ambiente y no perturbar la vida salvaje. Cada recién llegado debe pasarse un día en un curso de capacitación de seguridad y responsabilidad ecológica, y yo no soy una excepción.

Los trabajos de campo avanzan bien y al acabar la semana ya tengo las muestras y las mediciones que necesito para mis análisis. Pero aún queda algo por hacer antes de irme: visitar al Maestro. Puesto que Maple Gas y Mayantuyacu comparten el mismo objetivo de proteger la selva, invito a José a que venga conmigo.

A pesar de que Mayantuyacu está a menos de dos kilómetros en línea recta de la base petrolera, no hay carreteras ni senderos que nos faciliten cruzar este bosque de topografía accidentada. El viaje es dificilísimo, pero la oportunidad de pasar por esta selva frondosa, alfombrada de un denso lecho de hojas, me da un gusto tremendo. Es sin duda la más saludable de toda la zona. Llegamos a

Mayantuyacu bajo una lluvia torrencial después de dos horas caminando.

Acercándonos al centro, escruto los peñascos para encontrar la señal de bienvenida del Came Renaco, el gran árbol guardián de Mayantuyacu. Será por la lluvia o los densos vapores, pero no logro distinguirlo... Pronto quedo horrorizado. Entre los vapores veo que el árbol icónico se ha partido en dos, con la parte superior aún unida parcialmente al tronco. Me parecía una escena de luto: el río con sus aguas ardientes acariciando la desamparada copa gorgonesca de su árbol compañero, mientras lo envolvía con su manta de vapor por última vez.

Sé lo que esto debe significar para Mayantuyacu, para el Maestro. Dejo a José en la maloca y voy corriendo a la casa del Maestro. Lo encuentro en su hamaca.

—¡Andrés! —me dice sorprendido. Se levanta de su hamaca y me da la bienvenida con un frágil abrazo. No tiene buen aspecto—. ¿Viste el Came Renaco?

—Sí —le confirmo—, ¿estás bien?

—Estoy triste y un poco enfermo —dice desolado—. Así es. Todos envejecemos. Pero no me molesta estar enfermo: me recuerda que aún tengo mucho que aprender. Cuéntame, ¿cómo llegaste?

Le explico todo: los Documentos Moran, el trabajo de campo con Maple, la excursión por la jungla, y también que quiero presentarle a José, el geólogo de Maple.

—Maple es un buen vecino: cada uno se ocupa de lo suyo y no nos molestamos. Tráelo.

Nos sentamos en la terraza y los presento. Pronto él y José empiezan a compartir su amor por la jungla y la preocupación por las amenazas que se ciernen sobre ella.

—Maple no estará en esta zona para siempre —le informa José al

Maestro—. En algún momento, se acabará el petróleo, y temo pensar en cómo terminará esta selva después de que nos vayamos. Si aún no han considerado obtener protección legal, les recomiendo encarecidamente que lo hagan. Lo bueno es que Andrés los pueda apoyar con el plan de conservación. La labor científica que está realizando para documentar el río será una parte clave de su protección.

El Maestro escucha estoicamente y asiente cuando José termina de hablar. Sabe qué es lo que debe hacer.

Acompañamos al Maestro un rato más antes de empezar nuestro camino al río Pachitea, donde encontraremos a Francisco Pizarro, quien nos llevará en su *pekepeke* hasta el muelle de Maple. Ha parado de llover y estamos avanzando rápido, cuando a medio camino una visión desoladora nos hace parar en seco: una gran parte de la selva ha desaparecido. Lo que el año pasado eran majestuosos árboles enormes han sido transformados en desolados toconces rodeados por montañitas de serrín y astillas.

Mantengo silencio, contemplando cómo esta selva, que conocía tan bien, había desaparecido en tan poco tiempo. José inspecciona la escena. Con una voz llena de ira y tristeza, me dice:

—Sin duda había muchos árboles de buena madera aquí. Si no, ya hubieran quemado todo esto... En todo caso, sabemos lo que viene...

Las cámaras térmicas presentan la forma más segura, rápida y fiable de medir la temperatura en el Río Hirviente.

14 Paititi

El crespúsculo flota en el aire espeso y húmedo de la selva como un fantasma, anunciándole a sus legiones de creaturas nocturnas que el amanecer se acerca. El río canta con fragor cristalino mientras yo avanzo con mi trabajo al *tic-tic-tic* de mis dedos golpeando las teclas de la laptop. Se prenden las luces en la maloca con el sonido chispeante y metálico del generador eléctrico despertándose, tomando un lugar principal en el coro de seres nocturnos de esta selva.

Es mayo de 2014 y acabo de llegar a Mayantuyacu. La modernidad está entrando más rápido de lo que había esperado, trayendo bienestar: refrigeración, luz y otros lujos que hacen la vida más eficiente y cómoda. No me cabe duda que, algún día, Mayantuyacu tendrá electricidad las veinticuatro horas, líneas de teléfono y hasta acceso a Internet. Esto abrirá nuevas posibilidades para la comunidad, incluso para los estudios y proyectos de conservación.

Pero todo tiene su pro y su contra, y como dice el Maestro: «A los espíritus no les gusta el ruido». Los nueve meses que han pasado desde que estuve aquí por última vez han traído muchos cambios: incluyendo los que predijo José. La selva está desapareciendo.

Gracias al apoyo de Google, ahora tengo imágenes satelitales de alta resolución de esta zona. Cuando me las entregaron, un colega de Google me advirtió de que no eran recientes, y que seguramente la deforestación habría avanzado significativamente desde que las registraron. Las imágenes son del 2004, 2005, 2010 y 2011, y documentan nuevas parcelas incendiadas, despejadas y convertidas en pastos con la marcha de cada año. Pero lamentablemente ni siquiera las imágenes de Google pudieron prepararme para lo que encontré este año.

El viaje de Pucallpa a Mayantuyacu antes consistía de dos horas en camioneta, treinta minutos en *pekepeke*, y una hora de camino a pie. Ahora este mismo viaje se puede hacer directo en camioneta en tres horas. Es indudablemente más rápido y cómodo... pero tuvo un costo mortal para hectáreas y hectáreas de selva.

Duele comparar las imágenes satelitales con una fotografía aérea de la zona tomada en la década de 1940, cuando casi toda la zona estaba cubierta por la selva. Pero esta comparación también me da esperanza: a pesar de que la gran mayoría de los bosques han desaparecido, la selva del campo petrolero sigue prácticamente intacta.

Quizá el desarrollo no tiene que significar destrucción. Quizá no hemos encontrado una solución viable, porque la narrativa que domina este tema está en «blanco y negro». Quizá es hora de no tenerle miedo a las preguntas complicadas y las zonas grises.

Mi experiencia en esta zona me ha mostrado que el desarrollo económico bien manejado, vigilado y hecho con responsabilidad y consciencia sí puede ser un potente aliado para proteger las selvas cerca de centros poblados que no están protegidas como parques nacionales. Pero también soy consciente de que este sistema de aliados también tiene sus límites: en nuestro caso, la protección de Maple se agotará con el petróleo... Tiene fecha de vencimiento.

Esto me inspira a seguir avanzando con mis estudios del río para buscar la manera de proteger esta selva antes de que se vaya la petrolera. Tanto yo como el Maestro entendemos que la época de «ocultamos para proteger» ya no es la mejor estrategia en estos tiempos hiperconectados, de Google Earth y medios sociales. Poca gente sabe del río, su selva se está destruyendo y la zona ya está en peligro: «Ojos que no ven, corazón que no siente».

Tomando muestras isotópicas en La Bomba. Este burbujeante tramo del Río Hirviente puede exhibir temperaturas mayores a 97 ºC. Mis guantes especiales anticalor me permiten sumergir las manos en el río el tiempo suficiente para tomar las muestras que necesito. Muestreo con sumo cuidado y me agacho para evitar el vapor ardiente que emana de La Bomba.

Veo a mis botellas de muestras vacías, mi cámara de fotos y mi cuaderno de campo que pronto llenaré con los apuntes de esta temporada. Sé que con cada dato científico, cada foto y cada historia podemos mostrarle al mundo lo especial que es este lugar y por qué merece ser protegido.

Lo bueno es que no estoy solo en este empeño. La «tribu» de Mayantuyacu se extiende mucho más allá de esta selva: incluye a innumerables peruanos y extranjeros unidos por el río, y dedicados a protegerlo. Un grupo canadiense está trabajando con los lugareños para minimizar su huella ecológica, mientras grupos estadounidenses e italianos colaboran para documentar las propiedades curativas de las plantas medicinales y estudiar el significado antropológico del lugar. Yo sigo avanzando con mis estudios geológicos, me he dedicado a compartir la historia de este maravilloso lugar al mundo y a colaborar con otros peruanos y extranjeros para lograr la protección legal del Río Hirviente.

El generador se acalla y las luces titilan hasta apagarse. Solo la pantalla de mi laptop se resiste a la oscuridad. La cierro y avanzo hacia mi tambo con una amplia sonrisa y la profunda ilusión de que mañana empieza el trabajo de campo.

Los días pasan rápido y los paso tomando muestras y documentando cada detalle de este sistema geotérmico. Gozo cada instante en el campo con el río en esta selva legendaria. Pero en un pestañeo se acaba la temporada de campo y me encuentro despidiéndome del Maestro la noche antes de partir. Él se mece en la hamaca de siempre en su terraza, mientras Luis, el viejo guía, se sienta en un cojín en el piso para prender un mapacho. También nos acompaña Mauro, el nuevo aprendiz del Maestro, quien se sienta sobre un taburete bajo de plástico.

—Casi no te hemos visto esta semana —me dice Mauro.

—Lo sé y disculpa, hermano, pero he estado trabajando —contesto.

—Es cierto —dice Luis—, solo trabajando ha pasado. Y siempre solo en el río. Ya andas por la selva diferente —agrega Luis, viéndome—, ¡ya no como turista!

Todos soltamos una fuerte carcajada. Y le respondo:

—Oye, aguanta, ¿cómo que me has visto? ¡Pensaba que estaba solo! —Luis suelta una sonrisa pícara, y todos volvemos a reír.

—Es verdad: anda por la selva diferente ahora —confirma el Maestro dándole una calada a su mapacho. Luego me pregunta—: ¿Cómo van los estudios?

Le cuento los avances del estudio y las mediciones, y cómo cada una nos ayudará a explicar qué procesos y mecanismos nos da nuestro querido río. También conversamos de cómo estos estudios apoyarán la obra de conservación. Cerrando la conversación le hago una pregunta al Maestro:

—Nunca he entendido cómo Mayantuyacu se hizo tan popular con los extranjeros, mientras se mantiene casi desconocido aquí en el Perú. ¿Cómo paso esto?

Sonríe entre los remolinos de humo espeso del mapacho.

—Originalmente fundamos Mayantuyacu solo para amazónicos, para preservar nuestra cultura, la selva y el conocimiento de las plantas. Pero tuve una visión que cambió todo. —Se calla y me mira—. ¿Recuerdas la planta del ishpingo?

—Claro —le respondo—, una vez estaba con sinusitis y me diste una medicina de ishpingo que me funcionó muy bien.

—Ese es el ishpingo: es un árbol grande con un espíritu muy poderoso. En mi visión, estaba sentado bajo un gran ishpingo cuando su espíritu se me apareció en la forma de un hombre blanco, alto y delgado, con una larga barba blanca y vestido también de blanco. Todo su ser brillaba. Cuando le pregunté por qué había adquirido esa forma, me contestó que la salvación de la selva vendría con los extranjeros. El ishpingo me dejó una lección importante: el mundo ha cambiado y tenemos que aprender unos de otros, tanto de las enseñanzas tradicionales como las de la gran civilización. Al despertar al día siguiente, llegó un europeo a quien acepté como mi primer paciente extranjero. Ahora, muchos años después, no solo tengo pacientes extranjeros sino también aprendices en todo el mundo.

«Esta selva es un lugar lleno de leyendas y visiones...», pienso, recordando la leyenda de mi abuelo que me hizo llegar al Maestro.

—Maestro —le digo—, una consultita, ¿realmente existe Paititi, la legendaria ciudad de oro?

El Maestro alza la ceja sorprendido.

—¿No la has visto?

Lo miro confundido. El Maestro se ríe profundo y señala a la selva que nos rodea.

De repente, entiendo todo: cuando los conquistadores preguntaron sobre Paititi, los incas no mintieron. Para los incas, el oro era un símbolo incorruptible de la vida. Una ciudad de oro, por lo tanto, es una ciudad de *vida*. Y después de conocer lo que es la selva amazónica, creo que no hay mejor forma de describirla: *es* una ciudad de vida, que realmente vale oro. Así que la venganza de los incas vino con un juego de palabras cuyo significado se perdió con los conquistadores...

Meneo la cabeza, maravillado. Este sitio: esta selva, este río, son algo más que un lugar para estudiar o proteger. Lugares como este son una prueba de que el mundo aún está lleno de misterios y que, a pesar de todos nuestros conocimientos, la naturaleza siempre tendrá algo más que enseñarnos.

Me despido del grupo, prometiendo volver pronto y me dirijo hacia mi tambo alumbrando el camino con la luz de mi linterna. Me detengo al pasar por el tocón del Came Renaco: el río me llama. Bajo los escalones tallados en la piedra viva y al descender me encuentro envuelto por

EL RÍO HIRVIENTE 111

un mundo de vapores blancos. Lenta y cuidadosamente, sigo la ribera hasta llegar a una gran roca que forma una pequeña isla en las aguas caudalosas del río, y aterrizo en ella con un salto calculado.

La luz de mi linterna alumbra nubes blancas de vapor que suben de las aguas como fantasmas. Los vapores bailan en cada brisa, condensándose y arremolinándose en su ascenso antes de desaparecer en un cielo dominado por las estrellas innumerables de la Vía Láctea. Siento el aire espeso y caliente entrar a mi cuerpo con cada inhalación y oigo los sonidos de la selva: el coro nocturno y el rugido del río, cantando victoria sobre el generador silenciado, declarando que esta selva siempre será suya. Me siento en un sueño.

La luna es apenas una rodaja y ni una luz artificial perturba la noche, solo la luz de mi propia linterna rebelde. Me pregunto cuánto tiempo queda hasta que las luces del mundo moderno invadan a esta selva para dejarla alumbrada las veinticuatro horas y así robarle la noche.

A pesar de mis mejores esfuerzos e intenciones, ¿será que mi trabajo solo esté acelerando este proceso de degradación? Es una preocupación válida: la vida no tiene manual de usuario. Y también presenta una muy buena pregunta...

No tengo la respuesta. Pero sé que estoy haciendo mi mejor intento, y que esta pregunta la tendré siempre presente. Es bueno vivir con preguntas.

Parado sobre la roca en medio del río, me doy cuenta de que en este tiempo estudiándolo he aprendido tanto de mí mismo como de la geología, los fenómenos geotérmicos y de culturas nativas. Como dijo el Maestro: «El río nos muestra lo que necesitamos ver».

Hace poco, una amiga me preguntó qué seguía atrayéndome a este río. Le hablé de las maravillas geológicas, naturales y culturales, pero sabía bien que había algo más profundo, que no tenía palabras para expresar en ese momento. Ahora, en esta noche oscura, envuelto por vapores y a un paso de estas peligrosas aguas lo entiendo.

Este lugar te obliga a vivir con intención. Su calor, humedad, sol abrasador, flora y fauna mordaz y venenosa, todos sus desafíos te obligan a enfrentar tus propios límites, aceptarlos y trabajar dentro de ellos. Aquí los errores tienen consecuencias dolorosas. La selva te obliga a estar alerta, y no perdona al que vive distraído. Este lugar *es* sagrado y me llama por ser un templo de la vida natural, independiente de la mano del hombre.

Contemplo la noche con ojos acostumbrados a la luz de la ciudad. ¿Qué maravillas se ocultan más allá de la pequeña zona iluminada por mi linterna?

«Es un asunto de perspectiva...», susurro a los vapores que se abren y cierran ante mi luz. Es nuestra perspectiva la que traza el límite entre lo conocido y lo desconocido, entre lo sagrado y lo trivial, las cosas que damos por supuestas y las que nos quedan por descubrir. Esta es la lección de la oscuridad: en la luz solemos tomar todo por cierto, pero la oscuridad siempre nos obliga a cuestionar.

Mañana regreso a la ciudad, y noches así, negras, oscuras y como Dios las hizo, quedarán solo como una memoria. Increíble: he vivido en este planeta toda mi vida y añoro noches como esta. Quizá esté escrito en nuestro ADN. Quizá es aquí, en nuestros códigos evolucionarios que recibimos la obligación evolucionaria de ser atraídos a lugares así, a cielos despejados y a las condiciones que nos vieron nacer como especie. Quizá es por esto que tanto añoramos la naturaleza y sus paisajes salvajes no dominados por el hombre. Pero algo me queda claro, aquí, recordando las noches de mi vida dominadas por luz artificial: he extrañado la oscuridad.

EPÍLOGO

A veces, voy a mi biblioteca y saco mis cuadernos de campo para tocar sus páginas combadas por las lluvias amazónicas y el vapor del río, y para percibir el sutil aroma de la selva que aún perfuma las páginas. Lo hago para recordar que la ficción no tiene un monopolio sobre lo increíble. A veces siento que si no fuera por los datos, las muestras, las fotos, vídeos, y otras pruebas empíricas que he recolectado en los últimos años, corro el riesgo de confundir este relato que acaban de leer con un sueño.

Estamos en julio del 2015, y el río aún no tiene protección legal, ni aparece en ningún mapa como un hito geocultural importante; pero si logramos alcanzar nuestra meta, todo esto cambiará y el Perú tendrá una «nueva» maravilla.

Creo que cualquier descubrimiento, científico o personal, viene con una obligación moral. Sin duda el acto de destacar un lugar tan especial como el Río Hirviente nos obliga a correr un riesgo; pero frente a la depredación descontrolada que está experimentando esta zona queda claro que no decir nada solo presenta un mayor riesgo: la condena a este ecosistema único a una ejecución sin juicio y sin posibilidad de salvación. Ver cómo año tras año va desapareciendo el bosque me dejó con una pregunta: ¿estoy aquí para documentar la destrucción de esta maravilla, o para hacer una diferencia? Así terminé como conservacionista.

Pudimos haber empezado a sacar publicaciones (científicas y para el público en general) sobre el Río Hirviente desde el 2011. Pero para mejor preparar la zona y darles tiempo a los lugareños para manejar cualquier ola de atención que les venga, decidimos esperar lo máximo posible para la publicación de la charla TED y de este libro.

En cada paso de esta obra, he colaborado con las dos comunidades chamánicas de la zona: Mayantuyacu y el Santuario Huishtín, para asegurar que ambos grupos tengan la información necesaria para tomar las mejores decisiones para sus comunidades. Ambos grupos están conscientes que el desarrollo incontrolado y turismo irresponsable representan una gran amenaza a este lugar y están procurando minimizar su impacto medioambiental, mientras expanden sus ofertas de ecoturismo.

La visión del Maestro del ishpingo parece haberse hecho realidad: frente a la destrucción de la selva, individuos y grupos de la «tribu» de Mayantuyacu de todo el mundo han estado colaborando para proteger la zona.

Nuestro mundo es increíble, y a través de la curiosidad, el asombro y mejores preguntas se abren oportunidades de encontrar tesoros en los paisajes que recorremos cada día, en los píxeles de las imágenes de Google Earth y en los detalles más triviales de las historias. Las iniciativas de investigación en el río también se están expandiendo gracias a varios grupos, peruanos e internacionales, interesados en este ecosistema: sus plantas, animales, culturas, y hasta los microorganismos extremófilos que habitan en estas aguas que matarían a un ser humano.

Mientras tanto, yo seguiré avanzando con mis estudios geotérmicos para entender por qué hierve el Río Hirviente y también para, finalmente, después de tantos años, poder salir de mi laboratorio y verter mis muestras de agua en la tierra para cumplir con mi promesa al Maestro, y dejar que las aguas encuentren su camino de vuelta a casa.

Para aprender más del Río Hirviente, su historia,
los trabajos que estamos realizando en la zona,
o si le gustaría donar fondos para apoyar nuestras
iniciativas sin fines de lucro,
los invitamos a visitar
riohirviente.org
(o la versión en inglés: boilingriver.org)

Regresando a Mayantuyacu después de un largo día trabajando en la selva.

AGRADECIMIENTOS

En las páginas de este libro encontrarán más que un cuento. Aquí, grabado en tinta y papel, encontrarán una parte de mi vida; un relato histórico escrito con acciones y consecuencias: mías y de otros. A ustedes, queridos otros, coautores de mi vida y asimismo de este libro, les quiero expresar mi más profunda gratitud. Su amor, esfuerzo y apoyo han hecho posible esta obra y sin la presencia de cada uno de ustedes, este libro y mi vida no serían lo mismo.

A mi abuelo, Daniel Ruzo Zizold, siempre fuiste el mejor cuentacuentos. A los Gastelumendi: Cami, Gabi, Farofa, y en especial a Guida y Eo (y a sus cenas). A mis padres, Andrés y Ana, a Pancho y Lydia Capurro, a José Fajri, a José Carlos Alvariño, a Octavio Ruzo, a Javier y Paola Ruzo, y a todos a quienes tengo la dicha de llamar familia.

Le agradezco al Río Hirviente y su selva, y a los que me han dado el honor de compartir este sitio sagrado: al Maestro Juan, Sandra, Luis, Mauro, Felipe, Brunswick, Jacqueline y a toda la comunidad de Mayantuyacu. Al Maestro Enrique, Aimee, Angela y a la comunidad del Santuario Huishtín.

Un agradecimiento especial a la alcaldesa Daisy Heidinger, Felipe Koechlin y todo el equipo de Reforestadora Amazónica, José Koechlin y la ITA, Fabiola Muñoz y el equipo del SERFOR, Jorge Caillaux y la Sociedad Peruana de Derecho Ambiental, Fluquer Peña y los equipos del INGEMMET y PerúPetro. A Rex Canon, José Carlos y el equipo de Maple Gas. A mis colegas en la UNALM Marcel Gutiérrez y Ilanit Samolski, a Jonathan Eisen y su equipo en UC Davis, a Manuel Guerrero de la UNIA y también a Luis Campos y Carmela Rebaza del IIAP.

Al Grupo TED: sus charlas y conferencias me han cambiado la vida, y no saben el honor que siento de poder ser parte de su misión. En especial, gracias a Kelly Stoetzel, Rives, Bruno Giussani, Chris Anderson, Ellyn Guttman, Alex Hoffman, y a toda la familia TED. Un agradecimiento especial a mis editores, Michelle Quint, SJR, JCA, y Sergio Bulat. Su esfuerzo, paciencia y dedicación han transformado una simple idea en un libro que vale la pena compartir. Gracias.

A la comunidad de la SMU: Andrew Quicksall, Maria Richards, David Blackwell, Drew Aleto, Jumana Haj Abed, Al Waibel, Kurt Ferguson, Roy Beavers, Robert Gregory y a mi comité doctoral. También a Jim y Carole Young, y a Sharon y Bobby Lyle, quienes me introdujeron a las conferencias TED.

Gracias a Alfonso Callejas, Carlos Espinosa, Peter Koutsogeorgas, Basil Koutsogeorgas, Whitney Olson, y Devlin Gandy. Shannon McCall y su familia, y la

Telios Corporation. A Google, especialmente, Charles Baron, Christiaan Adams y McClees Stephens. A Geothermal Resources Council. A William E. Gipson y a la AAPG. Mark Plotkin, Donald Thomas, la UC Santa Barbara, el Moran Trust. A mis colegas de la National Geographic Society, sobre todo a Emily Landis, Chris Thornton, Spencer Wells y Wade Davis. Así como a National Geographic Learning, a las escuelas que utilizan estos materiales y que han ayudado a financiar mis investigaciones, y a los niños que aprenden de ellos y me siguen inspirando a proteger nuestro maravilloso mundo.

Finalmente, doy gracias a mi esposa, Sofía. No podría haber hecho todo esto sin ti. Eres mi roca... y como geólogo, ya sabes lo que esto significa para mí.

CRÉDITOS DE LAS IMÁGENES

Páginas 4 y 5: El Río Hirviente / Sofía Ruzo
Páginas 32 y 33: Zarpando en el Pachitea / Andrés Ruzo
Páginas 36 y 37: La desaparición de la Amazonía / Devlin Gandy
Páginas 40 y 41: Mayantuyacu: zona prohibida / Guida Gastelumendi
Página 45: El Came Renaco / Sofía Ruzo
Páginas 50 y 51: Antes que caiga la noche / Devlin Gandy
Página 55: Rana sancochada / Andrés Ruzo
Página 56: Tomando muestras de agua / Devlin Gandy
Páginas 64 y 65: Equipo de expedición: 2012 / Eva Steulet
Páginas 72 y 73: El chamán y su río / Devlin Gandy
Páginas 84 y 85: Las aguas sagradas / Devlin Gandy
Páginas 94 y 95: Amazonía postapocalíptica / Andrés Ruzo
Página 103: Andrés con una cámara termal / Sofía Ruzo
Páginas 106 y 107: Muestrear aguas a 97 ºC no es fácil / Devlin Gandy
Páginas 118 y 119: Cerrando un día largo en la oficina / Devlin Gandy

SOBRE EL AUTOR

Andrés Ruzo es un científico, educador y comunicador de ciencia, quien en el 2011 se convirtió en el primer geocientífico al que le fue permitido estudiar el sagrado Río Hirviente de la Amazonía. El haber crecido entre Nicaragua, Perú y los Estados Unidos lo dejó con una leve crisis de identidad nacional, pero también lo hizo entender que los grandes problemas del mundo no están delimitados por fronteras. Esta reflexión lo llevó a convertirse en un científico geotérmico, con carreras en Geología y Finanzas de la Southern Methodist University, donde actualmente está acabando su doctorado en geofísica. Cree que la responsabilidad medioambiental y la prosperidad económica no son mutuamente exclusivas, y usa a la ciencia para unirlos. Andrés es un ponente de TED y un explorador de National Geographic. También es el fundador y director del Boiling River Project, una ONG dedicada a proteger y entender al Río Hirviente y su selva, juntando ciencia moderna y conocimiento amazónico tradicional.

La Conferencia TED de Andrés Ruzo, disponible gratuitamente en TED.com, es el complemento de *El Río Hirviente*.

FOTO: JAMES DUNCAN DAVIDSON/TED

Mark Plotkin
«Lo que las personas del Amazonas saben y tú no»
«La especie más importante y en mayor peligro en la selva amazónica no es el jaguar o el águila harpía», afirma Mark Plotkin, «sino las tribus aisladas y que no están en contacto entre sí.» En una conferencia vigorosa y aleccionadora, el etnobotánico nos lleva al mundo de las tribus indígenas de la selva y a las increíbles plantas medicinales que los chamanes utilizan para curar. Define los retos y riesgos que están poniendo en peligro su existencia y su sabiduría, y nos insta a proteger este tesoro de conocimiento irremplazable.

Nathan Wolfe
«Lo que queda por explorar»
Hemos estado en la Luna, hemos cartografiado los continentes, incluso hemos llegado al punto más profundo del océano (dos veces). ¿Qué le queda por descubrir a la próxima generación? El biólogo y explorador Nathan Wolfe propone esta respuesta: «Casi todo. Y podemos empezar por el mundo diminuto de aquello que apenas podemos ver».

Antonio Donato Nobre
«La magia del Amazonas: un río que fluye invisible entre nosotros»
El río Amazonas es como un corazón que bombea agua a los mares y a la atmósfera gracias a sus 600 billones de árboles, que actúan como pulmones. Se forman nubes, caen las lluvias y la jungla crece. En una conferencia emotiva, Antonio Donato Nobre nos explica el sistema interconectado de esta región, y cómo beneficia medioambientalmente al resto del mundo. Una parábola de la extraordinaria sinfonía que es la naturaleza.

Louie Schwartzberg
«Milagros ocultos del mundo natural»
Vivimos en un mundo de belleza invisible, tan sutil y delicada que es imperceptible al ojo humano. Para arrojar luz sobre este mundo, la cineasta Louie Schwartzberg curva los límites del espacio y el tiempo con cámaras de alta velocidad, lapsos de tiempo y microscopios. En TED 2014, presenta los hitos de su último proyecto, una película en 3D titulada *Misterios del mundo invisible*, que ralentiza, acelera y magnifica las desconcertantes maravillas de la naturaleza.

TED es una organización sin ánimo de lucro dedicada a la difusión de ideas, normalmente bajo la forma de charlas breves pero profundas (18 minutos o menos), pero también a través de libros, animación, programas de radio y eventos. TED nació en 1984 como una conferencia en la que convergían tecnología, ocio y diseño, y hoy día toca casi todos los campos, desde la ciencia a la empresa pasando por temas mundiales, en más de cien idiomas.

TED es una comunidad global, que da la bienvenida a personas de cualquier campo y cultura que quieren tener un conocimiento más profundo del mundo. Creemos apasionadamente en el poder que tienen las ideas para cambiar actitudes, vidas y, en última instancia, nuestro futuro. En TED.com construimos un almacén de conocimiento gratuito que ofrecen los pensadores más inspirados del mundo, y una comunidad de almas curiosas que pueden relacionarse unas con otras y con sus ideas. Nuestra principal conferencia anual reúne a líderes intelectuales de todos los campos para intercambiar ideas. Nuestro programa TEDx permite que comunidades de todo el mundo alberguen sus propios eventos locales, independientes, durante todo el año. Y nuestro Open Translation Project garantiza que estas ideas puedan superar fronteras.

De hecho, todo lo que hacemos, desde la TED Radio Tour hasta los proyectos nacidos del TED Prize, desde eventos TEDx hasta la serie de lecciones TED-ED, apunta a este objetivo: ¿cómo podemos difundir de la mejor manera las grandes ideas?

TED es propiedad de una organización sin ánimo de lucro y sin afiliación política.

TED ha concedido a Empresa Activa la licencia para español
de su serie de 12 libros en papel.

Estos libros, con un formato llamativo y original, no dejarán a nadie indiferente
por la variedad de autores y temática.

Por fin vas a poder profundizar y explorar en las ideas que proponen las TED Talks.

TED Books recoge lo que las TED Talks dejan fuera.

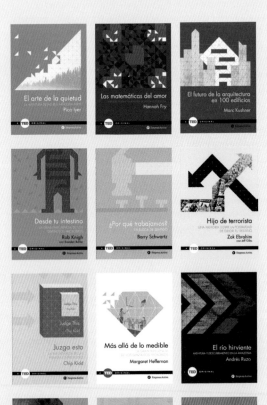

Pequeños libros,
grandes ideas
www.ted.com
www.empresaactiva.com